泡桐科植物种质资源志

范永明　著

黄河水利出版社
·郑州·

图书在版编目(CIP)数据

泡桐科植物种质资源志/范永明著. —郑州:黄河水利
出版社,2019.10
ISBN 978-7-5509-2329-4

Ⅰ.①泡…　Ⅱ.①范…　Ⅲ.①泡桐属-种质资源-世
界　Ⅳ.①S792.430.4

中国版本图书馆 CIP 数据核字(2019)第 070216 号

出版社:黄河水利出版社　　　　　　　　　　网址:www.yrcp.com
　　地址:河南省郑州市顺河路黄委会综合楼 14 层　　邮编:450003
发行单位:黄河水利出版社
　　发行部电话:0371 - 66026940、66020550、66028024、66022620(传真)
　　E-mail:hhslcbs@ 126. com
承印单位:虎彩印艺股份有限公司
开本:787 mm×1 092 mm　1/16
印张:8.25
字数:144 千字　　　　　　　　　　　印数:1—1 000
版次:2019 年 10 月第 1 版　　　　　　印次:2019 年 10 月第 1 次印刷

定价:45.00 元

序

泡桐科 Paulowniaceae Nakai 植物资源非常丰富,其中有 3 属、33 种:秀英花属 Shiuyinghua J. Paclt. 1. 秀英花 Shiuyinghua silvestrii Pamp. et Bonati、美丽桐属 Wightia Wall. 1. 香岩梧桐 Wightia elliptica Merr. 、2. 美丽桐 Wightia speciosissima(D. Don)Merr. 和泡桐属 Paulownia Sieb. & Zucc. 30 种。整理出泡桐科 3 属、2 亚属(1 新亚属)、1 新组、33 种(4 新种)、4 亚种(2 新亚种)、18 变种(7 新变种)、8 变型和 16 类型,以及 2 存疑种,基本上查清了泡桐科植物种质资源。

泡桐属植物种质资源在我国温热带地区"四旁"及华北平原农耕地区具有重要的经济、生态效益和社会效益。我认真学习了范永明著的《泡桐科植物种质资源志》一书,受益很大。其中,突出表现有六大特点:① 科技知识非常渊博而又能熟练地应用,这在青年学生中,是不多见的,也是值得提倡的;② 根据植物形变理论、模式理论、杂种理论、冬态理论等,在全国首次提出恢复泡桐科的建议,并创建泡桐属新分类系统。该系统是:泡桐亚属 subgen Paulownia 和齿叶泡桐亚属 subgen. serrulatifolia Y. M. Fan et T. B. Zhao,subgen. nov. 。泡桐亚属分:泡桐组 sect. Paulownia、大花泡桐组(白花泡桐组)sect. Fortuneana Dod. 和杂种泡桐组 sect. × Hybrida Y. M. Fan,sect. nov。③ 根据植物形变理论和模式理论等,首次提出泡桐属植物种的标准:它必须与同属近似种有 3 种或 3 种以上形态特征或特性相区别,才能作为该属物种。④ 根据泡桐属植物种的标准,将该属过去发表的种,整理出 28 种,并记其形态特征与产地。其中有 2 新组、5 新种、1 新记录种、4 新组合杂交种、4 亚种:2 新亚种和 2 存疑。新种是:1. 并叠序泡桐 Paulownia seriati-superimposita Y. M. Fan,T. B. Zhao et D. L. Fu,sp. nov. 、2. 垂果序泡桐 Paulownia penduli-fructi-inflorescentia J. T. Chen,Y. M. Fan et T. B. Zhao,sp. nov. 、3. 湖南泡桐 Paulownia hunanensis(D. L. Fu et T. B. Zhao)Y. M. Fan et T. B. Zhao,sp. nov. 、4. 球果泡桐 Paulownia globosicapsula Y. M. Fan et T. B. Zhao,sp. nov. 、5. 双小泡桐 Paulownia biniparvitas Y. M. Fan et T. B. Zhao,sp. nov. 。4 新组合杂交种——豫杂一号泡桐 Paulownia × yuza-1(J. P. Jiang et R. X. Li)Y. M. Fan,sp. hybr. comb. nov. 、豫选一号泡桐 Paulownia × yuxuan-1(J.

P. Jiang et R. X. Li）Y. M. Fan，sp. hybr. comb. nov.、豫林一号泡桐 Paulownia × yulin-1（J. P. Jiang et R. X. Li）Y. M. Fan，sp. hybr. comb. nov. 和圆冠泡桐 Paulownia × henanensis C. Y. Zhang et Y. H. Zhao。2 新亚种是：多腺毛并叠序泡桐 Paulownia seriati-superimp ositcyma Y. M. Fan et T. B. Zhao subsp multi-gladi-pila Y. M. Fan et T. B. Zhao，subsp. nov.、长柄紫桐 Paulownia duclouxii Dode subsp. longipetiola T. B. Zhao et Y. M. Fan et D. L. Fu。同时，还记录 17 变种（12 新变种）、16 变型、16 类型。⑤ 首次全面系统地研究了泡桐属植物中的存疑种，并提出一些种恢复其种的地位。⑥ 运用树木冬态理论，首次研究了泡桐属 4 种苗木的冬态特征，这对于选用泡桐新优栽培品种、发展生产具有重要的意义。

总之，本书作者这种认真学习、刻苦钻研、大胆创新的精神和能力，是青年的榜样，是值得大家学习和提倡的，也是我们中老年科技工作者学习的榜样！本书的完成与出版，对于泡桐科植物研究者和生产开发者均有指导与推动作用。

赵天榜

2018 年 12 月

前　言

　　泡桐科 Paulowniaceae Nakai 植物为落叶乔木。其自然分布和栽培区极为广阔,因速生、易繁殖、深根性、花序大,是园林绿化、农桐间作等应用广泛的优良树种之一。其木材质优、纹理通直、不翘不裂,是重要的特用优良经济树种之一。

　　本书收录泡桐科植物 3 属:秀英花属 Shiuyinghua J. Paclt.、美丽桐属 Wightia Wall.、泡桐属 Paulownia Sieb. & Zucc.,共计 33 种。

　　随着科学技术的发展,许多学者利用形态学、生物化学、细胞学和分子生物学等手段对泡桐属归科及其分类问题进行了大量研究,但仍未有定论。为了准确阐明泡桐属 Paulownia Sieb. & Zucc. 归科问题,全面认识泡桐属种间亲缘关系,作者应用植物形变理论、模式理论、冬态理论等,同时查阅文献对泡桐属及其近缘属亲缘关系进行综合分析,首次提出恢复泡桐科的建议,并建立泡桐科新分类系统。另外,在传统的形态学基础上,运用数量分类学的方法对泡桐属种质资源进行系统聚类分析,创建泡桐属新分类系统,同时进行了泡桐属植物形态特征补充描述。将泡桐属分为:泡桐亚属 subgen. Paulownia 和齿叶泡桐亚属 subgen. serratifolia Y. M. Fan et T. B. Zhao,subgen. nov.。泡桐亚属又分 3 组:① 泡桐组 sect. Paulownia、② 大花泡桐组(白花泡桐组) sect. Fortuneana Dode、③ 杂种泡桐组 sect. × Hybrida Y. M. Fan, sect. nov。同时,收录泡桐属植物 30 种(其中 5 新种、4 新组合杂交种和 3 新亚种)。5 新种是:1. 并叠序泡桐 Paulownia seriati-superimposita Y. M. Fan et T. B. Zhao,sp. nov.、2. 垂果序泡桐 Paulownia penduli-fructi-inflorescentia J. T. Chen,Y. M. Fan et T. B. Zhao,sp. nov.、3. 湖南泡桐 Paulownia hunanensis(D. L. Fu et T. B. Zhao)Y. M. Fan et T. B. Zhao,sp. nov.、4. 球果泡桐 Paulownia globosi-capsula Y. M. Fan et T. B. Zhao、5. 双小泡桐 Paulownia biniparvitas Y. M. Fan et T. B. Zhao。4 新组合杂交种——豫杂一号泡桐 Paulownia × yuza-1(J. P. Jiang et R. X. Li)Y. M. Fan,sp. hybr. comb. nov.、豫选一号泡桐 Paulownia × yuxuan-1(J. P. Jiang et R. X. Li)Y. M. Fan,sp. hybr. comb. nov.、豫林一号泡桐 Paulownia × yulin-1 (J. P. Jiang et R. X. Li)Y. M. Fan,sp. hybr. comb. nov. 和圆冠泡桐 Paulownia× henanensis C. Y. Zhang et Y. H.

Zhao。2 新亚种是：多腺毛并叠序泡桐 Paulownia seriati-superimposita Y. M. Fan et T. B. Zhao, subsp multi-gladi-pila Y. M. Fan et T. B. Zhao, subsp. nov.、长柄紫桐 Paulownia duclouxii Dode subsp. longipetiola T. B. Zhao et Y. M. Fan, 并记其形态特征。同时记录了 2 个存疑种。

特别需要指出的是，作者首次采用树木冬态理论研究泡桐属几种苗木冬态特征，为发展生产、选育与推广泡桐属良种提供了重要的科学依据。同时查阅了河南农业大学存放的泡桐属植物标本，发现一些新的特异的类群，也补加于本书中。

2017~2018 年，作者的学位论文《泡桐科植物形态变异及其新分类系统》是在河南农业大学就读硕生研究生期间完成的，特向茹广欣教授致以谢意！

本书在编著过程中，北京林业大学硕士研究生陈俊通参与了泡桐科种质资源的调查研究，河南农业大学硕士研究生杨金橘、温道远给予了大力帮助，赵天榜教授、陈志秀教授对本书提出了宝贵意见，特致谢意。

由于作者专业知识有限，经验不足，书中难免存在不妥之处，敬请专家学者批评指正！

作 者

2018 年 12 月

目　录

第一章　泡桐科植物的研究意义

泡桐科 Paulowniaceae Nakai 植物自然分布和栽培范围极为广阔,因速生、枝稀、叶大、花多、易繁殖等优点,是园林绿化、"四旁"绿化、美化、香化的优良树种。其木材质优、纹理通直、不翘不裂,是重要的特用经济树种之一。

泡桐属 Paulownia Sieb. & Zucc. 植物原产我国,在适宜的条件下生长极快,5~6 年即可成材。一般情况下,一株 10 年生的泡桐,胸径可达 30.0~40.0 cm,单株材积 0.3~0.5 m³。四川省黔江县一株 18 年生的白花泡桐,树高 21.7 m,胸径 100.5 cm,单株材积 6.65 m³,年平均材积生长量达到 0.37 m³。大力发展泡桐,10 年为一轮伐期,这对迅速改变我国目前木材供应不足、林业布局不合理的局面,具有重要意义。河南省兰考县从 1963 年起,大面积种植泡桐,大力发展农桐间作,到 1965 年农桐间作面积达 30 万亩。1971 年开始采伐,至 1976 年共采伐桐木 14.8 万 m³,向国家提供桐材 11 万 m³,在短短的 7~8 年时间内,由林木稀少、木材奇缺,一跃而变成了木材自给有余。

泡桐属 Paulownia Sieb. & Zucc. 植物适应性强。目前,全国有 23 个省(区、市)都有自然分布或人工栽培。不论是平原还是海拔 2 000 m 左右的山地均可生长。因此,在我国发展泡桐具有巨大的潜力。

泡桐属 Paulownia Sieb. & Zucc. 植物材质轻,具有不易翘裂、不易变形、易加工、易雕刻、绝缘性能好、纹理美观、不易燃烧、容易干燥、耐磨、隔潮、耐腐、导音性能好等优点。因此,在工业、农业、交通运输、城乡建筑、文化教育、工艺美术以及人民日常生活等许多方面都有广泛的用途。

泡桐属 Paulownia Sieb. & Zucc. 植物发叶晚、落叶迟,枝叶稀疏,根系较深,是林粮间作的好树种。农桐间作,是我国劳动人民创造的经验。它为华北、中原等广大地区植树造林开辟了广阔的天地。大面积农桐间作,构成了新型的农田防护林系统,为农作物创造了适宜的环境条件,促进了作物的高产稳产。

泡桐属 Paulownia Sieb. & Zucc. 植物的叶和花氮、磷、钾含量高,还含有丰富的营养物质,是很好的肥料和饲料。它在医药卫生方面也有多种用途。

泡桐属 Paulownia Sieb. & Zucc. 植物树态优美,叶片大而具毛,有的分泌黏液,二氧化硫气体沾染能力强,且可以吸附空气中的粉尘,净化空气。它花序大,色彩绚丽,春天繁花似锦,夏天绿树成荫,是美化环境、绿化城市和工矿区的优良树种。

泡桐属 Paulownia Sieb. & Zucc. 植物种质资源丰富,易繁殖,对迅速发展泡桐极为有利。

第一节　生态效益

泡桐属 Paulownia Sieb. & Zucc. 植物的生态效益主要体现在农桐间作、防风固沙、改善气候等几个方面。

农桐间作中泡桐与农作物存在肥水互补效应。泡桐和农作物根系在土壤中的分层分布特性,是进行农桐间作的有利条件。农作物的大部分根系分布在 0~40.0 cm 的土壤表层,其中棉花的垂直根系虽然达 40.0 cm 以下,水平吸收根绝大部分都集中在 0~20.0 cm 的深度。由于农作物的正常管理一般在 40.0 cm 的耕作层内进行,大量的氮、磷、钾存留在这一耕作层内,从而保证了农作物的正常生长。泡桐属 Paulownia Sieb. & Zucc. 植物的吸收根 88.0% 密集在 40.0 cm 以下的非耕作土层内,能够摄取深层土壤中的营养成分以及截流吸收耕作层内随雨水下渗转换为地下水径流而可能消失的养分。因此,农桐间作的根系在土壤中所利用的水、肥因素,基本上不存在对抗性的矛盾。相反,在降水季节能通过树冠、树干截流雨水,避免形成径流冲刷土壤,使多数雨水截入地下予以贮存;在干旱季节,泡桐属 Paulownia Sieb & Zucc. 植物还可以通过蒸腾作用吸收较深层的地下水,增加空气湿度和减少土壤水分的蒸发。

说起泡桐属 Paulownia Sieb. & Zucc. 植物防风固沙,人们就会想起兰考县委书记的好榜样——焦裕禄。兰考县曾经是一个风沙、盐碱、内涝等自然灾害肆虐的地方,焦裕禄带领兰考人民大量栽植泡桐树,防风固沙,根治盐碱,兰考县也因此闻名全国。前人栽树,后人受惠。由于泡桐速生的特性,栽植泡桐能快速有效地防风固沙,改善环境,造福人民。

另外,泡桐属 Paulownia Sieb & Zucc. 植物对于改善农田小气候具有显著效益。农桐间作可以改善麦田小气候,对小麦等作物的生长发育是有利的。据李树人等(1980)研究,4 月中旬以前,尚未开花发叶的泡桐对小麦挡阳遮阴是微不足道的;4 月中下旬,泡桐开花期透光率为 88.0%~93.0%,对小麦光照影响不大;5 月泡桐抽枝发叶,产生遮阴作用;6 月上旬小麦收割,一年中小麦受遮阴的时间只有 1 个月左右。即便是 5 月间,单冠型泡桐的平均透光量为

20 383 lx,透光率为 34.8%,南北型泡桐林带的透光量为 18 592 lx。但在防止干热风、提高小麦单产方面具有重要作用。

农桐间作所引起的温湿条件变化对小麦的生长发育是极为有利的。据竺肇华等(1980)研究,小麦生长前期,农桐间作地,可增加气温 0.2~1.0 ℃;小麦生长后期,泡桐能降低空气温度 0.2~1.2 ℃,空气相对湿度提高 7.0%~10.0%;在干旱年份,气温平均下降 1.5~2.0 ℃,空气相对湿度提高 2.0~2.8 倍。这与下述研究成果是吻合的:北京农科院等认为,在北京地区如果仅将 10 月下旬至 11 月上旬的气温提高 2 ℃,便可使小麦每亩增产 11.5 kg;仅将 6 月上旬的气温降低 2 ℃,每亩增产小麦 11.0 kg。许大全等(1987)报道,用 360 kg 水在小麦籽粒灌浆期喷雾 7.5 d,可增加湿度 2.0%~6.0%,降低气温 0.8~2.6 ℃,增加叶片相对含水量 11.0%~15.0%,使小麦增产 17.2%~17.6%。这些研究结果表明,农桐间作群体既利于小麦等作物生长发育,也利于泡桐属 Paulownia Sieb & Zucc. 植物的生长,还改善了自然环境。

第二节　经济效益

树木的种、属不同,木材的组成和性质亦不同。因此,也往往限定了木材的利用。泡桐属 Paulownia Sieb. & Zucc. 植物的木材构造和性质都比较均匀一致,且具有优良的物理性质。因此,用途较广,经济效益明显。现介绍如下。

一、工业利用

(一)贴面单板及胶合板

原木宜水存,或在旋、刨前水煮,以减少或避免色斑的产生;否则,单板需用水浸没,干燥时才不会产生色斑,影响材质。

木材旋、刨容易,材色淡雅,富于花纹,胶粘及油溶性能均好。Romeka 报道,南京林产工业学院及芜湖、成都、杭州等木材厂试制胶合板(单板厚 1.2~1.4 mm),结果颇佳,刨切贴面单板可薄至 0.25 mm,如果胶合剂的黏度适当,并无透胶污染板面之虞。桐材贴面复合板或胶合板可大量用于家具、室内装修,各类匣、盒、收音机木壳等。预计泡桐材将成为我国贴面单板及胶合板的重要用材树种之一。

（二）航空用材

1. 衬垫

滑翔机及农用飞机的机面可以使用木材复合结构，两面用胶合板，中心用极轻的木材，如泡桐属 Paulownia Sieb. & Zucc. 树种木材作衬垫。桐材细胞壁极薄，孔隙大，有如天然蜂窝结构。

2. 靶机及模型机

桐材很轻，加工制作容易。

（三）船舶

泡桐属 Paulownia Sieb. & Zucc. 树种木材除锯解制作渡船、货船外，在近代造船业中，采用复合结构制造玻璃钢机帆船时，内外两面用玻璃钢，中心可用极轻的材料如轻木、泡桐材。另外，尚可用作救生圈、浮子等。

（四）造纸

中外科研工作者都用泡桐材进行过造纸试验，效果颇佳。广东林科所与广州造纸厂试验，认为桐材木浆的白度高，纸的强度亦佳。同时本属树种生长很快，在一定时间内同样面积的土地上比其他树种能获得更多的造纸原料，是我国大有希望的造纸用材树种，宜设置企业用材林造林基地。

Dadswell 等认为，为了经济收益，造纸木材的纤维组织比量不应低于50.0%，过去有人总以为泡桐材的轴向薄壁组织比量高，作造纸原料不合算；但成俊卿等实测证明，由于导管比量低，木纤维的比量仍高达 50.0% 以上，粗浆得率也达 50.0% 以上。

作者认为，泡桐属 Paulownia Sieb. & Zucc. 树种木材纤维粗而硬，长宽比小，不能用作造纸用材。

（五）翻砂木模、模板及模型

桐材很轻软，切削容易，切削面光洁，尤其胀缩性很小，尺寸稳定，不翘裂，适于做工业上的翻砂木模、建筑上的水泥模板，以及各类木模型等。

（六）木丝

木丝通常要求轻、软、色浅、弹性好、纹理直，无气味相树脂，具吸收性。桐材木丝是用作包装缓冲填料，床、椅垫褥，冷却系统绝缘材料和玩具填料等的理想材料。

（七）木炭和活性炭

桐材木炭可制黑色炸药、烟火、炭笔，并用于冶金等方面。活性炭具有高的吸收气体、液体乃至微粒的效能，可用作水、食物、药品、空气等的净化剂。

二、文体用品

（一）乐器

桐材具有优良的共振性质（高的声辐射品质常数和低的对数缩减量），材色浅而一致，加工容易，刨面光洁。自古以来我国即用作各类弦乐器的音板（日本亦采用），至今仍为桐材在国内的主要用途之一。近年来，北京市乐器研究所用桐材试制钢琴音板，音响效果很好。

（二）工艺品

利用桐材各项优良的物理和加工性质，以及材色淡雅等优点，可用作雕刻或制备如古代的佛像、神龛、木鱼，以及今日的漆器（木胎）、花瓶、笔筒，碗、碟、盒、玩具、屏风等工艺品。

三、生活用品

（一）家具

桐材的尺寸稳定性好，胀缩性很小，无翘裂、变形等，适于做各种家庭用具、床板等；同时刨光、油漆、胶粘、钉钉性能良好，材色一致（先水泡预防色斑），且具花纹，是做箱、柜、桌、椅等家具的优良材料（日本亦喜使用）。由于制品镶拼严密，不翘裂，少或不漏气，所以群众喜用其制衣柜、衣箱，与其他树种比较，至少能减少空中湿气直接入内的机会。

德国用毛泡桐木材试制刨花板，其刨片、施胶、加压、板面砂光等操作过程均无困难，试验认为，密度 $430\sim510\ kg/m^3$ 的刨花板具有较高的强度。

（二）饮食用具及包装箱

桐材除上述做"家具"的特性外，还无臭、无味，不致污染饮食，所以适用于做盛饮食的盆、桶、盒、蒸笼，以及锅盖（还与热绝缘性好有关）、瓢、勺等用具。同时，桐材很轻，用作茶叶、食品、水果等包装箱，以减少运费，尤其是空运。用桐材制蜂箱，不仅便于搬运，因隔热保温性能好，箱内温度的变化也可能较小。

（三）绝缘材料

桐材对热、电的绝缘性能优良，所以过去农村中用桐材做风箱，熨斗、汤勺等的木柄，火盆架，冰柜、金库、保险柜等的内衬，室内电线板及电表板等。

（四）木屐

日本常用桐材做木屐。桐材容易加工制作，切削面光洁，制成后不开裂、不变形；同时桐材很轻便，导热系数很小，吸水性小，穿用时使人有适足之感。

四、房屋建筑

桐材不易着火燃烧。据原河南农学院译载日本的比较试验结果,一般木材的发火点为250~270 ℃,但毛泡桐高达425 ℃,好像桐材是经过阻燃剂处理过的一样,所以农村中又用作吹火筒(故名火筒树),同时桐材的电、热绝缘性能优良,所以用于住房、仓库等建筑,使人有比较舒适、安全之感。这是桐材的又一优点。

(一)屋架

桐材的强度弱,但在农村中因就地取材方便,亦可酌量用作民用房屋等轻型建筑的屋架,乃至檩条、柱子、格栅等。

(二)门、窗及室内装修

要求木材的尺寸稳定性好,不翘裂、不变形,容易加工制作,桐材最符合这些要求,为制窗框的优良材料。同时油漆后光亮性好,做门、墙壁板、隔板、天花板时,尚有装饰价值。

五、农具

用桐材制农具主要也是利用其优良的物理性质。适于制作水车和风车的车箱、打稻桶(四川涪陵)、盆、桶(陕南、四川、鄂西)等用材。

此外,泡桐属 Paulownia Sieb. & Zucc. 植物树种还有以下用途:

(1)观赏和环境净化。泡桐属树种容易成长为大树,叶大、花美,可作风景树和遮阴树。同时,防有毒气体及粉尘污染的能力较强,为工矿区防污染和净化空气的绿化树种之一。

(2)药用。泡桐属树种的木材、树皮、叶、花、果等均可入药。

(3)饲料和肥料。家畜都爱吃泡桐树种的叶和花。四川、湖北群众一贯把它们当作猪饲料。河南群众有句俗语"种桐树、养母猪,十年成个大财主"。桐叶含氮量高,可用作绿肥,所以有"肥料树"之称。

第三节　社会效益

干部楷模、中国共产党员焦裕禄在兰考担任县委书记时,所表现出来的"亲民爱民、艰苦奋斗、科学求实、迎难而上、无私奉献"的精神,被后人称之为"焦裕禄精神"。而随着焦裕禄的光辉事迹而为大家所熟知的还有泡桐树。

1962年冬,焦裕禄来到兰考县。兰考县遭遇严重的灾荒,全县的粮食产量下降到历史的最低水平。在除"三害"的斗争中，为了取得经验，焦裕禄同志亲自率领干部、群众进行了小面积翻淤压沙、翻淤压碱、封闭沙丘试验。然后，以点带面，全面铺开，总结出整治"三害"的具体策略，探索出了大规模栽种桐树的办法。通过一年的艰苦奋战，兰考县的除"三害"工作取得了明显的成效。在总结除"三害"工作时，焦裕禄做了明确透彻的总结：

治沙：沙区没有林，有地不养人，这是基本情况；有林就有粮，没林饿断肠，这是重要性；以林促农，以农养林，农林相依，密切配合，这是方针；造林防沙，百年大计，育草封沙，当年见效，翻淤压沙，立竿见影，三管齐下，效果良好，这是方法。

治水：兰考地形复杂、坡洼相连、河系紊乱，这是客观情况；以排为主，灌、滞、涝、改兼施，这是方针；舍少救多，舍坏救好，充分协商，互为有利，上下游兼顾，不使水害搬家，这是政策；夏秋两季观察，冬春干燥治理，再观察再治理，观察治理相结合，这是方法。

治碱：分清轻重，区别对待，这是方针；翻淤压碱，开沟淋碱，打埝躲碱，台田试种，引进耐碱作物，这是方法。

为了解"三害"，起风沙时，焦裕禄带头去查风口、探流沙；下大雨时，他趟着齐腰深的洪水察看洪水流势。他所开创的水利工程，经后来引黄淤灌，最终让二十多万亩盐碱地变为良田。

在农民的草庵、牛棚，焦裕禄总结出治理风沙的办法："贴膏药""扎针"。所谓"贴膏药"，就是把淤泥翻上来压住沙丘。焦裕禄看到农民这种做法效果很好，就在全县推广。所谓"扎针"，就是大规模栽种桐树。焦裕禄了解到，兰考有"三宝"：泡桐、花生和大枣。他对泡桐特别重视，这种树能在沙窝生长，长得又快，五六年就能长成大树，既能挡风又能防沙。并且泡桐年年生根发新苗，可以陆续移栽，不用多投资。成林之后，旱天能散发水分，涝天又能吸收水分，可以林粮间作，以林保粮。

焦裕禄针对种树被毁坏、不好管理、老百姓积极性不高等问题建立了一套有效的制度：确定林权，订立护林公约，设立奖罚制度，定期检查，各公社、各大队设护林主任、护林员，并大建育苗场。焦裕禄描述希望，提振士气，凝聚人心，全兰考总动员，人人种树，泡桐遂蔚然成林。

兰考县的干部群众在焦裕禄精神的鼓舞下，兰考"三害"内涝、风沙、盐碱得到有效治理。焦裕禄带领群众为了防风固沙栽种的泡桐树，已培植成了河南的一个特色产业，截至2014年，兰考县泡桐产业年产值已达60多亿元，全县泡桐从业人员达6万多人。

　　焦裕禄成了未来所有为官参政者学习的优秀楷模,焦裕禄精神感召、鼓舞了一代又一代党员干部和普通群众,焦裕禄精神成为我国为官参政者最基本的道德坚守,国家主席习近平倡导坚持把开展群众路线教育实践活动与学习弘扬焦裕禄精神紧密结合起来。

　　焦裕禄精神及桐树所带来的社会效益影响深远。

第二章　泡桐属植物的分类历史

第一节　中国学者研究泡桐属植物分类史

一、古代研究史

早在远古时期,就有"神农、黄帝削桐为琴"的传说。《墨子》中记载:"禹葬会稽之山,桐棺三寸"。《诗经》中记载:"树之榛、栗、椅,桐、梓、漆,爰伐琴瑟"。说明2 600多年前,我们的祖先就开始利用桐木,并把泡桐和楸、梓等优良用材树种和栗、漆等经济树种相提并论。公元前4世《庄子》中记载有"鹓雏发于南海而飞于北海,非梧桐不止,非竹实不食",成为古代广泛流传的"凤凰非梧桐不栖"的美谈,古诗咏桐"叶茂正宜栖凤侣,孙枝尤好长琴材",这都反映了历史上劳动人民对于泡桐的深刻认识。

古代关于泡桐的名称传说很多,约公元前3世纪的《尔雅》称泡桐为"荣桐木"。后魏贾思勰(公元405~556年)的《齐民要术》中说:尔雅称"荣桐木"注云:"即'梧桐'也"。北宋陈翥(1049年)的《桐谱》里引用诗经上说的"梧桐生矣,于彼朝阳,凤凰鸣矣,于彼高岗"或"井梧栖彩凤,故诗书或称桐或云梧,或曰梧桐,其实一也"。明代李时珍(1578年)在《本草纲目》中把"桐"称"泡桐",他认为:"桐华(花)成筒故谓之桐,其材轻虚,色白,有绮文,故俗谓之也,先花后叶,故尔雅谓之荣桐。"又说:"桐"也叫作"白桐、黄桐、泡桐、椅桐、荣桐"。李时珍根据泡桐的筒状花、白色的木材,主张把泡桐称之为白桐。

由上所述,古代所传说的所谓"凤凰非梧桐而不栖"等传说中的梧桐,均应该理解为现今我们所指的泡桐。其实,直至目前,我国大部分地区的群众仍称泡桐为"梧桐树""桐树"。有的地区称之为"凤凰木",仅南方一些地区才称之为泡桐。

泡桐是我国栽培历史最悠久的树种之一。公元前3世纪的《尚书·禹贡》篇中有"兖州、予州贡漆,青州贡松,徐州贡桐,扬州贡篠(小竹)、簜(大竹)桔、柚……"的记载,证明当时有些地区已经有了泡桐等人工用材林的经营,而且成为提供桐材的集中产区了。战国时期《孟子》一书中记载:"拱把之桐梓,人苟欲生之,皆知所以养之者。……今有场师舍其梧槚(桐、楸)养其樲棘(酸枣)则诅贱场师矣!"意思是说,要想生产成抱粗的泡桐、梓树之类的大径良材,人们都知道应该如何培育它。……如果有技师不种泡桐和楸树,而种植酸枣,则不是一名好技师。可见,当时已有人工培养大径桐材的经验,同时也反映了当时对栽植泡桐的重视。《秦记》中有"符坚遂于阿房城,植桐数万株"的记述,说明古代栽培泡桐已有很大的规模。在古籍中有关泡桐的记载很多,各个历史时期的农林名著、文学作品,甚至一些人物传记,以及大量的地方志,都有关于泡桐栽培和利用的专门记载。其中尤其是北宋陈翥所著的《桐谱》一书,是一部水平很高的专著。

《桐谱》一书作于北宋元祐时期,全书约 16 000 字,除序文外,正文 10 篇,即叙源、类属、种植、所宜、所出、采斫、器用、杂说、记念、诗赋。

《桐谱》第一篇《叙源》,对以前许多古籍中所有关于桐树(泡桐)名称的混乱现象,做了分析研究。《叙源》中说,"桐、柔木也。《月令》曰:'清明,桐始华。'又《吕氏,季春(月)纪》云,'桐始华'。高诱曰:'桐,梧桐也;是月生叶,故云始华。'《尔雅·释木》曰:'榇、梧。'又曰:'荣,桐木。'郭并云,即今梧桐也。《疏》引《诗·大雅》云:'梧桐生矣,于彼朝阳'是也。《书》云,'峄阳孤桐。'《释木》所谓'榇''荣'者! 乃或云'桐'之一木耳。古诗云,'椅梧倾高风'。又曰:'井梧栖云凤'。故《诗》《书》或称'桐'或云'梧',或曰'梧桐',其实一也。"陈翥认为古籍中对泡桐所称的各种名称都是一样,就是梧桐。也就是现在我们所统称的泡桐。

《桐谱》第二篇《类属》是专讲泡桐分类的,对所称为"桐"的树种做了全面分析。其中对泡桐 Paulownia sp.、青桐(梧桐) Firmiana simplex W. F. Wight.、油桐 Aleurites fordii Hemsl.、刺桐 Kalopanax septemlobus Koidz、赖桐 Clerodendron japonicum Sweet 等做了全面分析,并将它们与泡桐明显区别开,又将泡桐分为白花桐(白花泡桐.) Paulownia fortunei (Seem.) Hemsl. 和紫花桐(紫桐) Paulownia ducloxii Dode。对白花桐和紫花桐(紫桐)的分类为,"一种,文理粗,而体性慢。叶圆大而尖长,光滑,而毳稚者,三角。因子而出者,一年可拔三四尺;由根而出者,可五至七尺;已伐而出于巨桩者,或可尺围。始小成条之时,心叶皆茸毳而嫩,皮体清白,喜生于朝阳之地。其花先叶而开,白色,心赤内凝红。其实毵,光,长而大,可围三四寸;内为两房,房中有肉,肉上细白而黑点者,即其子也。谓之白花桐。一种:文理细,而体性紧。叶三角而圆,大于白花花叶;其色青,多毳,而不光滑;叶且硬,文微赤;擎叶柄,毳而亦然。多生于向阳之地,其茂拔,但不如白花者之易长也。其花亦先叶而开,皆紫色,而作毬,有类紫藤 Wisteria sinensis Sweet 花也。其实亦毬,如乳而微尖,状如诃子而黏。《庄子》所谓 '桐乳致巢',正为此紫花桐实。而中亦两房,房中与白花实相似,但差小。谓之紫花桐。" 他对白花桐和紫花桐的区分,从当时来讲,可以说是很细致了。他还讲到白花桐有不同的类型,如有其花亦有微红而黄色者,盖亦白花之小异者耳刀。

《桐谱》中《类属》一篇对其他称桐的树种解释云:"一种,枝、干、花、叶,与白花桐相类。……其实大而圆,一实中或 2 子,或 4 子,可以取油为用。今山家多种成林,盖取子以货之也。"这是现今说的油桐 Aleurites fordii Hemsl. 。

"一种,文理细、紧,而性善裂,身体有巨刺,其形如欓树,其叶如枫,多生于山谷中,谓之刺桐。"此为我们说的刺楸 Kalopanax septemlobus Koidz. ,湖南称刺楸为刺桐。

"一种,枝不入用,身、叶俱滑,如奈之初生。今兼并之家,成行植于阶庭之下,门墙之外。亦曰梧桐。有子可噉,与《诗》所谓'梧桐'者,非矣。" 这里所说的梧桐 Firmiana platanifolia(Liin. f.)Maarsli,即青桐 Firmiana simplex W. F. Wight. ,而《诗》谓 "梧桐" 实指泡桐也。

"一种,身青,叶圆大而长,高三四尺便有花,如真红色,甚可珍爱,花成朵而繁,叶尤疏。宜植于阶、坛、庭、榭,以为夏秋之荣观。厥名贞桐,亦曰赫拥焉。" 这是指马鞭草科 Verbenaceae 的赪桐 Clerodendron japunicum Sweet. ,落叶灌木,叶卵圆形,长约 30 cm。花红色。产于我国南方。

《桐谱》对古籍中称 "桐" 的树种,一一加以论述,说明它们和泡桐的区别,这在当时若没有丰富的实践知识是做不到的,即在今日若没有这方面的专业知识也是不容易辨清的。《桐谱》的研究还纠正了一个错误概念,即 "梧桐" 之所指,一般都认为 "凤凰非梧桐而不栖" 的梧桐,是指梧桐科的梧桐(青桐)而言,实则是指泡桐。《叙源》篇中说:"凤凰非梧桐而不栖。……夫凤凰仁瑞之禽也,不止强恶之木;梧桐柔软之木也,皮理细腻而脆,枝干扶疏而软,故凤凰非梧桐而不栖也。又生于朝阳者,多茂盛,是以凤喜集之。即《诗》所谓 '梧桐生矣,于彼朝阳';'凤凰鸣矣,于彼高冈' 者也。"

《桐谱》虽成书于 900 多年前的北宋时代,但由于作者实践经验丰富,论述逼真,比较全面地记载了我国古代劳动人民在泡桐栽培及木材利用方面的丰富经验,收集整理了北宋之前有关泡桐的历史资料,有许多结论是正确的,它对目前泡桐生产和科学研究仍有宝贵的参考价值。例如陈翥比较准确地描述了当地两种泡桐——白花泡桐和紫花泡桐的形态特征、生长特性以及材性及加工性能等方面的区别。在繁殖方法上，当时已经采用了分根、压条和种子育苗。在造林技术方面，当时已经相当重视适地适树的原则，注意选择好造林地，强调了泡桐为阳性树种和怕水淹的特点。造林时已采用挖大坑分层施肥，书中写道"厥坎惟宽而深，先粪之以栽著其上，又复以灰覆之，其上以黄土盖焉"。在造林季节上，作者认为在当地春季造林不如冬季（12 月至翌年 2 月）为好。在抚育管理上，特别强调修枝和防风折，并注意中耕除草。在采伐时间上，指出冬季采伐为好。《桐谱》中对于泡桐的材质方面做了十分精辟的阐述。书中还介绍了当时民间泡桐的广泛用途。从建筑方面的栋梁、桁柱，家具方面的箱、柜、甀、杓之类，乃及棺椁、琴瑟、神像及手工艺品等。

二、现代研究史

1921 年，Hand.-Mazz. 发表江西泡桐 Paulownia rehderiana Hand.-Mazz. in Anzeig. Akad. Wiss. Wien. Math.-Naturw. Kl. 58:153. 1921.

1935 年，我国植物学工作者白荫元发表陕西泡桐 Paulownia shensiensis Pai 和白花泡桐的变种——秦岭泡桐 Paulownia fortunei（Seem.）Hemsl. var. tsinlingensis Pai。

1935 年，李顺卿著《中国森林植物学》（SHUN-CHING Lee. FOREST BOTANY OF CHINA）中记载泡桐属植物有：9 种、1 变种，分别是：紫桐 Paulownia duclouxii Dode、川桐 Paulownia fargesii Franch.、泡桐 Paulownia fortunei（Seem.）Hemsl.、光桐 Paulownia glabrata Rehd.、毛泡桐 Paulownia tomentosa（Thunb.）Stendel.、黄毛泡桐 Paulownia tomentosa var. lanata Schneid.、Paulownia glabrata Rehder、Paulownia recemosa Hemsl.、Paulownia thyrsoides Rehder、Paulownia rehderiana Handel-Mazz.、Paulownia silvestrii Pamp.。

1937 年，陈嵘教授所著《中国树木分类学》中收录 8 种泡桐，分别是：泡桐 Paulownia fortunei（Seem.）Hemsl.、紫桐 Paulownia duclouxii Dode、毛泡桐 Paulownia tomentosa（Thunb.）Steud.、兴山桐 Paulownia recurve Rehd.、川桐 Paulownia fargesii Franch.、白桐 *Paulownia thyrsoidea* Hand-Mazz.、光桐 Paulownia glabrata Rehd.、江西泡桐（赣桐）Paulownia rehderiana Hand-Mazz. 和毛泡桐的两个变种——黄毛桐 Paulownia tomentosa（Thunb.）Steud. var. lanata Schneid. 和白花毛桐 Paulownia tomentosa（Thunb.）Steud. var. pallida Schneid.。

1959 年，胡秀英教授将泡桐属 Paulownia Sieb & Zucc. 归纳为 3 组，6 种：

1. 毛泡桐组 sect. I. Paulownia：毛泡桐 Paulownia tomentosa（Thunb.）Steud.、光泡桐（秦岭光泡桐）Paulownia tomentosa（Thunb.）Steud. var. tsinlin-

gensis(Pai)Gong Tong 和兰考泡桐 Paulownia elongata S. Y. Hu 及川桐 Pau-lownia fargesii Franch.。

本组花序圆锥状或圆筒状。聚伞花序松散;花序梗与花梗近等长。花冠毛地黄状(兰考泡桐除外)。蒴果球状至卵球状,果皮软骨质或壳质。

2. 大花泡桐组(白花泡桐组) sect. Ⅱ. Fortuneana S. Y. Hu:白花泡桐 Paulownia fortunei(Seem.)Hemsl.。

本组与毛泡桐组的主要区别是:花冠亚漏斗状,长 8~10 cm,花向基部渐狭,花期花萼部分变光滑,萼筒倒圆锥状。蒴果椭圆体状,基部缢缩;果皮木质。

3. 台湾泡桐组(齿叶泡桐组) sect. Ⅲ. Kawakamii S. Y. Hu:齿叶泡桐(华东泡桐)Paulownia kawakamii Ito。

本组花序具有像中央主枝一样强壮的侧枝;聚伞花序几无总柄而成伞形花序状。蒴果亚球状至卵球状,果皮壳质。

1964 年,SHIU-YING HU(胡秀英). The Economic Botany of the Paulownias. Economic Botany. VOL. 18. No. 2. 167~179.

1975 年,胡大维和张惠珠发表海岛泡桐(台湾泡桐)Paulownia taiwaniana T. W. Hu et H. J. Chang。

1976 年,龚彤发表中国泡桐属植物的研究。

1976 年,竺肇华发表楸叶泡桐 *Paulownia catalpifolia* Gong Tong(Paulownia catalpifolia T. Gong ex D. Y. Hong 和南方泡桐 Paulownia australis Gong Tong。

1979 年,《中国植物志》第六十七卷 第二分册中,记载了泡桐属 Paulownia Sieb. & Zucc. 7种、1变种。分别是:白花泡桐 Paulownia fortunei(Seem.)Hemsl.、毛泡桐 Paulownia tomentosa(Thunb.)Steud.、兰考泡桐 Paulownia elongata S. Y. Hu、楸叶泡桐 Paulownia catalpifolia T. Gong ex D. Y. Hong、台湾泡桐 Paulownia taiwaniana T. W. Hu et H. J. Chang、齿叶泡桐(Paulownia kawakamii Ito、川泡桐 Paulownia fargesii Franch. 和光泡桐 Paulownia tomentosa(Thunb.)Steud. var. tsinlingensis(Pai)Gong Tong。

1979 年,云南省植物研究所主编的《云南植物志》第二卷中将泡桐属 Paulownia Sieb. & Zucc. 置于紫葳科 Bigononiaceae 中,因"泡桐属木材解剖特征与紫葳科梓属 Catalpa Scop. 几乎相同,毛茸类型,叶底脉间腺体及分散的盘菌状腺体亦极相似,后一特征为许多紫葳科植物如菜豆树属 Radermachera Zoll. et Mor.、木蝴蝶属 Oroxylum Vent. 等植物所具有;花序、花冠、雄蕊等特征与梓属也极其一致;但子房的胎座、花柱、柱头、种子等不同"。其中,将云南产的泡桐分为 3 种、1 变种：泡桐 Paulownia fortunei（Seem.）Hemsl.、紫桐（紫泡桐）Paulownia duclouxii Dode、齿叶泡桐（粘毛泡桐）Paulownia kawakamii Ito 和黄毛泡桐（小花泡桐）Paulownia tomentosa（Thunb.）Steud. var. lanata（Dode）Schneid.。

1980 年，竺肇华发表鄂川泡桐 Paulownia albophloea Z. H. Zhu 和成都泡桐 Paulownia albophloea Z. H. Zhu var. chengtuensis Z. H. Zhu。

1981 年，陈志远发表宜昌泡桐 Paulownia ichengensis Z. Y. Chen。

1982 年，苌哲新等发表亮叶毛泡桐 Paulownia tomentosa（Thunb.）Steud. var. lucida Z. X. Chang et S. L. Shi。

1989 年，中国科学院植物研究所主编的《中国高等植物图鉴 第四册》书中，记录了泡桐属 Paulownia Sieb & Zucc. 植物 3 种：毛泡桐 Paulownia tomentosa（Thunb.）Steud.、泡桐 Paulownia fortunei（Seem.）Hemsl.、川泡桐 Paulownia fargesii Franch.。

1989 年，苌哲新发表山明泡桐 Paulownia lamprophylla Z. X. Chang et S. L. Shi.、圆叶山明泡桐 Paulownia lamprophylla Z. X. Chang et S. L. Shi. f. rounda Z. X. Chang et S. L. Shi 和白花兰考泡桐 Paulownia elongata S. Y. Hu f. alba Z. X. Chang et S. L. Shi。

1990 年，牛春山主编的《陕西树木志》书中，记录了泡桐属 Paulownia Sieb. & Zucc. 植物，分别是：毛泡桐 Paulownia tomentosa（Thunb.）Steud.、光桐 Paulownia tomentosa（Thunb.）Steud. var. glabrata（Rehd.）S. Z. Qu、兰考泡桐 Paulownia elongata S. Y. Hu、楸叶泡桐 Paulownia catalpifolia T. Gong ex D. Y. Hong、白花泡桐 Paulownia fortunei（Seem.）Hemsl.。

1990 年，蒋建平等著《泡桐栽培学》书中，记录了泡桐属 Paulownia Sieb. & Zucc. 植物 9 种、4 变种、4 变型。分别是：白花泡桐 Paulownia fortunei（Seem.）Hemsl.、楸叶泡桐 Paulownia catalpifolia T. Gong ex D. Y. Hong、鄂川泡桐 Paulownia albiphloea Z. H. Zhu、山明泡桐 Paulownia lamprophylla Z. X. Chang et S. L. Shi、兰考泡桐 Paulownia elongata S. Y. Hu、毛泡桐 Paulownia tomentosa（Thunb.）Steud.、台湾泡桐（海岛泡桐）Paulownia taiwaniana T. W. Hu et H. J. Chang、齿叶泡桐（华东泡桐）Paulownia kawakamii Ito、川泡桐 Paulownia fargesii Franch.、成都泡桐 Paulownia albophloea Z. H. Zhu var. chengtuensis Z. H. Zhu、圆叶山明泡桐 P. lamprophylla f. rounda Z. X. Chang et S. L. Shi、光泡桐 Paulownia tomentosa（Thunb.）Steud. var. tsinlingensis（Pai）Gong Tong、亮叶毛泡桐 Paulownia tomentosa（Thunb.）Steud. var. lucida Z.

X. Chang et S. L. Shi、黄毛泡桐 Paulownia tomentosa(Thunb.) Steud. var.
lanata(Dode) Schneid、白花毛泡桐 Paulownia tomentosa(Thunb.)Steud. f. pal-
lida(Dode)Rehd、光叶川泡桐 Paulownia fargesii Franch. f. calva Z. X. Chang
et S. L. Shi。

　　该书中还参照胡秀英教授的意见,依据泡桐属 Paulownia Sieb. & Zucc.
植物花序形状、聚伞花序梗的长短、花萼和果实形状、果皮厚薄等,分为 3
个组:

　　第 1 组　毛泡桐组 sect. Paulownia。包括:毛泡桐 Paulownia tomentosa
(Thunb.)Steud. 、光泡桐 Paulownia glabrata Rehd. 及毛泡桐的 2 变种。

　　第 2 组　大花泡桐组(白花泡桐组)sect. Fortuneana S. Y. Hu。包括:白
花泡桐 Paulownia fortunei (Seem) Hemsl. 、楸叶泡桐 Paulownia catalpifolia T.
Gong ex D. Y. Hong、山明泡桐 Paulownia lamprophy11 Z. X. Chang 和兰考泡
桐 Paulownia elongata S. Y. Hu 及其变种。

　　第 3 组　台湾泡桐组(齿叶泡桐组)sect. *Kawakamii* S. Y. Hu。包括:川
泡桐 Paulownia fargesii Franch. 和齿叶泡桐 Paulownia kawakamii Ito。

　　但是,蒋建平等有一点和胡秀英的分组意见不同,即胡秀英将兰考泡桐和
毛泡桐、光泡桐归为一个组,而蒋建平等将兰考泡桐的花、果、花序等各方面比
较,认为其与白花泡桐关系较密切,应归入白花泡桐组(大花泡桐组)。

　　1992 年,熊金桥等对 12 种泡桐的 38 个性状进行数量分类研究,将泡桐
属 Paulownia Sieb. & Zucc. 植物划分为:1. 白花泡桐组(大花泡桐组)sect.
Fortuneana :白花泡桐 Paulownia fortunei (Seem.) Hemsl. 、兰考泡桐 Paulownia
elongata S. Y. Hu、建始泡桐 Paulownia jianshiensis Z. Y. Chen. 、宜昌泡桐
Paulownia ichengensis Z. Y. Chen、兴山泡桐 Paulownia recurva Rehd. ;2. 毛泡
桐组(泡桐组)sect. Paulownia:毛泡桐 Paulownia tomentosa(Thunb.)Steud. 、川
泡桐 Paulownia fargesii Franch. 、南方泡桐(台湾泡桐)Paulownia taiwaniana T.
W. Hu et H. J. Chang、齿叶泡桐(华东泡桐)Paulownia kawakamii Ito;3. 楸叶
泡桐组 sect. Catalpifolia:楸叶泡桐 Paulownia catalpifolia T. Gong ex D. Y.
Hong、山明泡桐 Paulownia lamprophylla Z. X. Chang et S. L. Shi、鄂川泡桐
Paulownia albiphloea Z. H. Zhu。

　　1995 年,陈志远发表建始泡桐 Paulownia jianshiensis Z. Y. Chen. 。

　　1995 年,张存义和赵裕后发表圆冠泡桐 Paulownia × henanensis C. Y.
Zhang et Y. H. Zhao。

　　1997 年,梁作栒等对泡桐属 Paulownia Sieb. & Zucc. 9 种泡桐染色体观

察和核型分析,将其分为 2 大类,4 个组:西北泡桐类,包括川泡桐组 sect. fargesii:川泡桐 Paulownia fargesii Franch. 、建始泡桐 Paulownia jianshiensis Z. Y. Chen;毛泡桐组(泡桐组)sect. Paulownia:兰考泡桐 Paulownia elongata S. Y. Hu、楸叶泡桐 Paulownia catalpifolia T. Gong ex D. Y. Hong、兴山泡桐 Paulownia recurve Rehd. 。南方泡桐类,包括齿叶泡桐组(华东泡桐组)sect. *Kawakamii* S. Y. Hu:齿叶泡桐(华东泡桐)Paulownia kawakamii Ito、台湾泡桐 (海岛泡桐)Paulownia taiwaniana T. W. Hu et H. J. Chang;白花泡桐组(大花泡桐组)sect. Fortuneana S. Y. Hu:白花泡桐 Paulownia fortunei(Seem)Hemsl. 、兰考泡桐 Paulownia elongata S. Y. Hu。

2001 年,马浩等对泡桐属 Paulownia Sieb. & Zucc. 15 种植物做了叶绿体 DNA 的 RFLP 分析,将其分为南方泡桐组(台湾泡桐组)sect. *Kawakamii* S. Y. Hu、毛泡桐组 sect. Paulownia、白花泡桐组(大花泡桐组)sect. Fortuneana S. Y. Hu。

2004 年,郑万钧主编的《中国泡桐属种质资源图谱》第四卷中,记录泡桐属植物 Paulownia Sieb. & Zucc. 7 种、3 变种。分别是:白花泡桐 Paulownia fortunei(Seem)Hemsl. 、楸叶泡桐 Paulownia catalpifolia T. Gong ex D. Y. Hong、兰考泡桐 Paulownia elongata S. Y. Hu、毛泡桐 Paulownia tomentosa (Thunb.) Steud. 、光叶泡桐 Paulownia tomentosa var. tsilingensis(Pai)Gong Tong、白花毛泡桐 Paulownia tomentosa f. pallida、黄毛泡桐 Paulownia tomentosa var. lanata、南方泡桐 Paulownia australis Gong Tong、台湾泡桐 Paulownia kawakamii、川泡桐 Paulownia fargesii。同时,记录美丽桐属植物 Wightia Wall. 2 种,即香岩梧桐 Wightia elliptica Merr. 及美丽桐 Wightia speciosissima(D. Don)Merr. 。

2013 年,李芳东、乔杰、王保平等主编的《中国泡桐属种质资源图谱》一书中,记录泡桐属植物 Paulownia Sieb. & Zucc. 11 种、2 变种、6 变型。分别是:白花泡桐 Paulownia fortunei、楸叶泡桐 Paulownia catalpifolia、兰考泡桐、毛泡桐 Paulownia tomentosa、南方泡桐 Paulownia australis、台湾泡桐 Paulownia kawakamii、川泡桐 Paulownia fargesii 及其光泡桐 Paulownia tomentosa var. tsinlingensis、白花毛泡桐 Paulownia tomentosa f. pallida、黄毛泡桐 Paulownia tomentosa var. lanata、白花兰考泡桐 Paulownia elongata f. alba,以及种间变异 12 个、彩色图版 7 版,种内变异 15 个、彩色图版 4 版,不同种源 80 个、彩色图版 4 版,优良单株 91 个、彩色图版 40 版,优良单株 91 个、彩色图版 40 版,已鉴定泡桐无性系 38 个、未鉴定泡桐无性系 43 个和泡桐的无性系彩色图版 3 版;泡桐超

级苗选择 51 个、彩色图版 6 版,泡桐基因库等彩色图版 5 版。

2013 年,莫文娟等运用 ISSR 分子标记对泡桐属 Paulownia Sieb. & Zucc. 21 种植物进行 UPGMA 聚类分析,将其分为 3 大类群,分别命名为类群Ⅰ、类群Ⅱ、类群Ⅲ。类群Ⅰ包括台湾泡桐 Paulownia taiwaniana T. W. Hu et H. J. Chang、川泡桐 Paulownia faresii Franch. ;类群Ⅱ包括白花泡桐 Paulownia fortunei(Seem)Hemsl.、南方泡桐 2、南方泡桐 1、南方泡桐 3、鄂川泡桐 Paulownia albopjhloea Z. H. Zhu、建始泡桐 Paulownia jianshiensis Z. Y. Chen、成都泡桐 Paulownia albopjhloea Z. H. Zhu;类群Ⅲ包括兰考泡桐 1、兰考泡桐 2、山明泡桐 2、山明泡桐 1、白花兰考泡桐 Paulownia elongata S. Y. Hu、楸叶泡桐 2、楸叶泡桐 1、圆冠泡桐 Paulownia chengtuensis C. Y. Zhang et Y. H. Zhao、宜昌泡桐 Paulownia ichengensis Z. Y. Chen、亮叶毛泡桐 Paulownia tomemtosa(Thunb.)Steud var. lucida Z. X. Chang et S. L. Shi、毛泡桐 1、毛泡桐 2。

第二节　国外学者研究泡桐属植物分类史

1753 年,瑞典植物学家林奈 Carolus Linnaeus 提倡使用双名法为植物命名。

1785 年,瑞典植物学家 C. P. Thunberg 最先对泡桐属 Paulownia Sieb. & Zucc. 植物进行研究,并在编著的《日本植物志》中,将毛泡桐定名为 *Bignonia tomentosa* Thunb. 并放入紫葳科 Bignoniaceae。

1825 年,德国学者 Kurt Sprengel 编辑林奈的《植物分类》时,将 C. P. Thunberg 发表的 *Bignonia tomentosa* Thund. 移入紫葳科 Bignoniaceae 的角蒿属 Incarvillea Juss. 中,定名为毛角蒿 *Incarvillea tomentosa*(Thunb.)Spreng.。

1835 年,荷兰自然科学家和医官 Philipp Franz von Siebold 和德国植物学家 J. G. Zuccarini 发表泡桐属 Paulownia Sieb. & Zucc.,并将它置于玄参科 Scrophulariaceae 中。同时,在编著的《日本植物志》中,发表毛泡桐 *Paulownia imperialis* Sieb. & Zucc.。

1841 年,德国植物学家 E. G. Steudel 在《植物命名法》Nemenclator Botanicus 中,把 C. P. Thunberg 发表的 *Bignonia tomentosa* Thunb. 转移到玄参科 Scrophulariaceae 泡桐属 Paulownia Sieb. & Zucc. 中,改隶组合为 Paulownia tomentosa(Thunb.)Steud。至此,毛泡桐的拉丁学名才按照《国际植物命名法规》纳入规范。毛泡桐成为泡桐属 Paulownia Sieb. & Zucc. 植物中第一个符合命名法规的种。

1847 年,Hortorum 发表日本毛泡桐变种 *Paulownia imperialis* Hance var. *japonica* Hort. ex Juart. 。

1867 年,德国学者 B. C. Seemann 发表白花泡桐 *Campsis fortunei* Seem. 。1890 年,被英国学者 W. B. Hemsley 转入泡桐属 Paulownia Sieb. & Zucc. ,改隶组合为 Paulownia fortunei (Seem.)Hemsl. 。这是泡桐属植物中第二个符合命名法规的种。

1870 年,A. Rehder 发表日本泡桐 *Paulownia japonica* Rehd. 。

1896 年,法国学者 A. R. Franchet 根据法国传教士 P. Farges 在四川采集的泡桐标本,发表川泡桐 Paulownia fargesii Franch. 。

1908 年,法国植物学家 L. A. Dode 发表紫桐 Paulownia duclouxii Dode 和越南泡桐 *Paulownia meridionalis* Dode. ,并根据花萼上毛被多少的明显区别,将 5 种泡桐分成两组——毛泡桐组 sect. Paulownia:毛泡桐 Paulownia tomentosa (Thunb.) Steud. 和川泡桐 Paulownia fargesii Franch. 。这一组整个花萼外面都被绵状毛。白花泡桐组 sect. Fortuneana S. Y. Hu:白花泡桐 Paulownia fortunei(Seem.)Hemsl. 、紫桐 Paulownia duclouxii Dode 和越南泡桐 *Paulownia meridionalis* Dode,这一组花萼无毛,仅沿外部边缘具毛。

此外,L. A. Dode 还根据从中国中部采集的泡桐标本,发表毛泡桐 *Paulownia imperialis* Sieb. & Zucc. 两新变种 *Paulownia imperialis* Sieb. & Zucc. var. *lanata* Dode 和 *Paulownia imperialis* Sieb. & Zucc. var. *pallida* Dode。

1911 年,德国植物学家 C. K. Schneider 将 *Paulownia imperialis* Sieb. & Zucc. var. *lanata* Dode 和 *Paulownia imperialis* Sieb. & Zucc. var. *pallida* Dode 两个变种置于毛泡桐种下,改为 Paulownia tomentosa (Thunb.) Steud. var. lanata (Dode) Schneid. 和 Paulownia tomentosa (Thunb.) Steud. var. pallida (Dode)Schneid. 。

1911 年,意大利学者 R. Pampanini 和法人 G. Bonati 发表了 *Paulownia silvestrii* Pamp. et Bon. 。

1912 年,日本植物学家伊藤笃太郎 T. Ito 发表米氏泡洞 Paulownia mikado Ito 和齿叶泡桐(华东泡桐)Paulownia kawakamii Ito。他按圆锥蕾序或花序分枝大小和果实开裂情况,将泡桐属 Paulownia Sieb. & Zucc. 植物分为两组。Kiri 组:具有伸长的下部侧枝和室背开裂为两部分的蒴果。包括:毛泡桐 Paulownia tomentosa(Thunb.)Steud。Mikado 组:圆锥花序下部分枝很短。聚伞花序具花 1~3 朵。蒴果 4 裂。包括:米氏泡桐 Paulownia mikado Ito、白花泡桐 Paulownia fortunei(Seem.)Hemsl. 和紫桐 Paulownia duclouxii Dode。

1913 年,美国植物学家 A. Rehder 根据 W. Purdom 从我国陕西采集的标本,发表光泡桐 Paulownia glabrata Rehd.;根据 E. H. Wilson 从湖北宜昌和福建采集的标本,发表了白桐 *Paulownia thyrsoidea* Rehd.;根据从湖北西部采集的标本,发表了兴山泡桐 Paulownia recurva Rehd.。

1913 年,美国植物学家 Ch. S. Sargent. 在《WILSON EXPEDITION TO CHINA》(574~578). 中记载了中国泡桐属 Paulownia Sieb. & Zucc. 植物 6 种、1 变种,其中有 3 新种,分别为:1. Paulownia tomentosa k. Koch, var. lanata Schneider;2. Paulownia fargesii Franchet;3. Paulownia glabrata Rehd. n. sp.;4. *Paulownia thyrsoidea* Rehd. n. sp.;5. *Paulownia recurva* Rehd. n. sp.;6. Paulownia Duclouxii Dode;7. Paulownia fortunei Hemley。

1921 年,英国植物学家 H. J. Elwes 发表日本毛泡桐 Paulownia tomentosa (Thunb.)Steud. var. japonica Elwes。

1921 年,奥地利植物学家 Hand. −Mazz. 发表江西泡桐 Paulownia rehderiana Hand. −Mazz.。

1925 年,日本植物学家植木秀干 H. Uyeki 发表朝鲜泡桐 *Paulownia coreana* Uyeki。

1929 年,英国学者 A. Osborn 发表川泡桐 *Paulownia fargesii* A. Osborn。

1932 年,美国植物学家 E. D. Merrill 发表椭圆叶泡桐 *Wightia elliptica* Merr. = Paulownia elliptica Merr。

1934 年,奥地利植物学家 Hand. −Mazz. 发表广西泡桐 Paulownia viscosa Hand. −Mazz.。

1936 年,奥地利植物学家 Hand. −Mazz. 发表广东泡桐 Paulownia longifolia Hand. −Mazz.。

1938 年,英国植物学家 T. A. Sprague 将川泡桐 *Paulownia fargesii* A. Osborn 命名为 *Paulownia lilacina* Sprag。

1949 年,美国学者 A. Rehder 又将 Paulownia tomentosa(Thunb.)Steud. var. lanata(Dode)Schneid. 改为变型 Paulownia tomentosa(Thunb.)Steud. f. pallida(Dode)Rehd.。

1962 年,J. Paclt 发表秀英花属 Shiuyinghua J. Paclt.。

泡桐属的归科问题,至今在植物分类学界未有定论。有学者主张将泡桐属 Paulownia Sieb. & Zucc. 归入紫葳科 Bignoniaceae,还有学者主张单独成立新的泡桐科 Paulowniaceae Nakai,大多数人认可将其纳入玄参科 Scrophulasrisceae。本书作者赞同将其独立成立泡桐科 Paulowniaceae Nakai。

第三章　泡桐属植物分布与栽培范围

第一节　泡桐属植物在中国的分布与栽培范围

根据法国(1904年)和日本(1941年)学者报道,在法国发现有毛泡桐叶的化石。日本岐阜县在第三纪地层内有直径为155.0 cm、高为180.0 cm的高大的矽化树干,通过对这一矽化木材解剖构造的研究,认为与泡桐很相似。说明泡桐起源是比较早的,而且原来的分布区远远超出了现有的分布区。可能是由于冰川期或气候变迁的影响,泡桐只在我国的部分地区保存下来。

泡桐属 Paulownia Sieb. & Zucc. 植物在我国的分布范围很广,北自辽宁南部(熊岳以南)、北京、太原、延安至平凉一线,南至广东、广西、云南南部,东起台湾和沿海各省,西至甘肃岷山、四川大雪山和云南高黎贡山以东。大致位于北纬20°~40°、东经98°~125°。泡桐分布达23个省(区、市)。

根据分布区各地气候、土壤等生态条件的不同和不同的泡桐种类、不同的经营方式等因素,在我国的泡桐分布区内,又可分为3个分布区。现介绍如下。

一、黄、淮、海平原分布区

该分布区自北京和辽宁南部的熊岳以南,南至河南的伏牛山和淮河一线,东自辽宁的丹东和山东、江苏北部沿海起,西至太行山东端和伏牛山东端。位于北纬32.5°~40.2°、东经113°~124.3°。包括河北南部、辽宁南部、山东、河南东部和北部、安徽北部和江苏北部的广大平原地区,其中也包括一部分山地和丘陵。该分布区的气候,夏季炎热而多雨,春季干旱而多风,年平均气温在10.0~14.5 °C。年降水量多在600 mm以上,个别地区稍低于600 mm。雨量多集中在夏季和秋季,有利于作物生长。春季雨少而多西北风,素有"春雨贵似油"之说。5月间又常有干热风危害,主粮作物的小麦常罹害严重。

土壤大部与黄、淮、海等河流的历年冲积有关。主要土壤种类有黄潮土、盐碱土、沙土和砂姜黑土等。由于冲积年代和沉积类型不同,土壤的分布亦有差异。如黄河中下游历次泛滥改道和"紧沙、慢淤、静水碱"的水流分选作用的影响,形成了不同的地形、地貌和不同的土壤类型。大体来说,在洼地多为盐碱土,平坦地方为两合土或淤土,也有部分为平沙地和沙堆积起来的沙丘。在古代湖相沉积物的基础上,又经过河流泛滥的覆盖,多为砂姜黑土、黑老土、黄老土、黄壤土和沙土等。地下水位多在 1.5~7.5 m。

在这样的地区,除盐碱土、黏土、沙丘和地下水位过高(1.5 m 以上)的地方,不适宜种植泡桐外,大部地区都适宜泡桐生长,尤以喜水肥、生长快的兰考泡桐 Paulownia elongata S. Y. Hu 在这一地区栽培最多、生长最好。其中,豫东、鲁西南和皖北一大片,是兰考泡桐的集中生产地。其主要经营方式为农桐间作和"四旁"植树。这一地区也是主要的农业区,以产小麦为最多。为了防治冬、春风沙和夏初干热风对农作物的危害,在长期与自然灾害做斗争的实践中,人民创造出农桐间作和农田防护林网这种适合本地区情况的优良防护措施,既保护了农田,又发展了泡桐生产。兰考泡桐以它生长快、价值高、根系深、树冠稀的特点,最适宜与农作物间作种植。所以,兰考泡桐进入农田,非常受农民群众的欢迎。据调查,生长较快的兰考泡桐,胸径年生长量可达 6.0 cm。在这一地区,除兰考泡桐外,还有毛泡桐 Paulownia tomentosa(Thunb.)Steud.、光泡桐 Paulownia tomentosa(Thunb.)Steud. var. tsinlingensis(Pai)Gong Tong,在浅山丘陵地区还有楸叶泡桐 Paulownia catalpifolia T. Gong ex D. Y. Hong 等。

二、江南温暖、湿润分布区

该分布区的北界,大体上西部以秦岭、伏牛山为界,东部以淮河为界,南至广东、广西、云南的南部,东自台湾和沿海各地,西至四川大雪山和云南的高黎贡山。位于北纬 20°~32.5°(西部可达 33.5°)、东经 98°~122°。包括陕西、河南、安徽和江苏四省的南部,四川、云南两省的东部及湖北、湖南、江西、浙江、福建、广东、广西和台湾省的全部。

该地区气候温暖湿润,雨量充沛,大部分地区为江南富庶的鱼米之乡。年均温在 15°~19℃,年降水量多在 900~1 600 mm。土壤主要为黄棕色森林土、紫色土、黄壤、红黄壤和热带红壤等。这些地区都有泡桐生长,不仅泡桐种类多,而且种间、种内变异类型也较复杂,这给分类鉴定带来了一定的困难,许多专家学者对泡桐分类持有不同意见,绝大多数问题均产生在这一分布区内的种类上。在这个区内的泡桐属 Paulownia Sieb. & Zucc. 植物,以白花泡桐 Paulownia fortunei(Seem.)Hemsl. 分布最广、生长最好。除白花泡桐外,在西部四川、云南、贵州和湖北、湖南的西部山区,分布有川泡桐 Paulownia fargesii

Franch.,它的垂直分布可达海拔 3 000 m 的高山区。在鄂西和川东生长有一个泡桐类型,竺肇华定为鄂川泡桐 Paulownia albiphloea Z. H. Zhu,成都平原生长的很少结实的一个类型,定为鄂川泡桐的变种——成都泡桐 Paulownia albophloea Z. H. Zhu var. chengtuensis Z. H. Zhu。在河南西南部和湖北西北部分布有山明泡桐 Paulownia lamprophylla Z. X. Chang et S. L. Shi,还有兰考泡桐 Paulownia elongata S. Y. Ito 和毛泡桐 Paulownia tomentosa (Thunb.) Steud.。毛泡桐的分布在鄂西以神农架为中心。宜昌地区泡桐类型尤为复杂。有白花泡桐、兰考泡桐 Paulownia elongata S. Y. Hu、毛泡桐,还有些种分布较多、生长较好的类型,华中农学院陈志远定为宜昌泡桐 Paulownia ichangensis Z. Y. Chen 等。在鄂西南的恩施地区,有生长最大的白花泡桐 Paulownia fortunei(Seem.)Hemsl.,胸径 2.1 m,生于咸丰县海拔 900 m 的山坡上。建始县有建始泡桐 Paulownia Jinshiensis Z. Y. Chen,在云南还有一种紫桐 Paulownia duclouxii Dode。

该分布区的东、南大部地区,分布有齿叶泡桐 Paulownia kawakamii Ito 和南方泡桐 Paulownia australis Gong Tong。台湾省约有 3 种泡桐,即白花泡桐、齿叶泡桐和台湾泡桐 Paulownia taiwaniana T. W. Hu et H. J. Chang。该分布区对泡桐经营的方式,以"四旁"植树为主,山区多为野生。也有个别地区进行农桐间作的,成片造林经营的很少,面积也都不大。

三、西北干旱、半干旱分布区

该分布区北自太原、延安、平凉一线以南,南至秦岭、伏牛山主脉,东自太行山东麓和伏牛山东端起,西至甘肃东部。大致位于北纬 33.5°~38°(西部止于 35.5°)、东经 106°~113°。该区地形复杂,气温和降水量各地差异较大。在豫西山地和陕西关中平原,年降水量在 600 mm 左右,山西南部年降水量不足 500 mm,西部降水量更少,每年只有 200~300 mm。年平均气温在西安以东为 13.3 ℃左右,山西和陇东则为 9 ℃左右。所以,这一地区就形成了高寒、干旱、半干旱的状态。土壤在豫西山地和西部干旱草原地区为黄土母质的碳酸盐褐土,渭河谷地则为黑土,在豫西、晋东南和陕西东部则有立黄土、红黏土,山区还有棕壤和褐土等。在这些地区都有泡桐分布。泡桐分布的规律和种类,大致是沿山间河川平地以兰考泡桐为主,浅山丘陵地区以楸叶泡桐为主,而高寒山地则以毛泡桐 Paulownia tomentosa (Thunb.)Steud. 为主,海拔可达 1 400 m 以上。在人为活动频繁的复杂情况下,各类地区的泡桐种类都比较混杂,尤以毛泡桐的适应性较强,其分布范围也最广。毛泡桐在伏牛山区比较集中,数量多,生长也好,主干高,自然接干的情况也较普遍。

近年来,由于开展泡桐属 Paulownia Sieb. & Zucc. 植物优良品种的选、育、引工作,各地区争先引进优良品种和优良类型,所以现在各分布区内,除原有分布的泡桐属种类外,又增添了不少引入的新的种类和类型。如南方桐区不少省份,特别是四川和云南引种了很多北方的兰考泡桐。北方各地也引种了不少南方的白花泡桐。其他如毛泡桐 Paulownia tomentosa(Thunb.)Steud.、楸叶泡桐 Paulownia catalpifolia T. Gong ex D. Y. Hong、川泡桐 Paulownia fargesii Franch.、台湾泡桐 Paulownia taiwaniana T. W. Hu et H. J. Chang 等也都有引种。经人工选育出来的豫选一号 Paulownia × yuxuan-1(J. P. Jiang et R. X. Li)Y. M. Fan,sp. comb. nov.、豫杂一号 Paulownia × yuza-1(J. P. Jiang et R. X. Li)Y. M. Fan,sp. comb. nov. 和豫林一号 Paulownia × yulin-1(J. P. Jiang et R. X. Li)Y. M. Fan,sp. hybr. comb. nov. 等新的泡桐种群,在各分布区都有引种栽培;有的地区在大搞泡桐丰产林基地。这些都大大地丰富了泡桐属植物原有分布区的内容。

总结以上所述,中国泡桐属植物种分布与栽培区域可分 3 个区域,每个区域内分布与栽培的主要种类如下:

(1)黄、淮、海平原分布与栽培区内主要有:1. 毛泡桐,5. 白花泡桐,6. 兰考泡桐,7. 山明泡桐,11. 楸叶泡桐 ,12. 垂果序泡桐,13. 并叠序泡桐,17. 光桐,19. 圆冠泡桐,20. 豫杂一号泡桐,21. 豫选一号泡桐,以及 22. 豫林一号,23. 紫桐。

(2)江南温暖、湿润分布与栽培区内主要有:1. 毛泡桐,2. 川泡桐,3. 台湾泡桐,4. 湖南泡桐,5. 白花泡桐,8. 宜昌泡桐,9. 鄂川泡桐 10. 建始泡桐 ,11. 兴山桐,12. 米氏泡桐,13. 齿叶泡桐,14. 紫桐,15. 广东泡桐,16. 广西泡桐。

(3)西北干旱、半干旱分布与栽培区内主要有:1. 毛泡桐,2. 川泡桐,3. 白花泡桐。

第二节 泡桐属植物在国外的分布与栽培范围

现今世界上生长有泡桐属 Paulownia Sieb. & Zucc. 植物的国家,据不完全统计,除我国外,在亚洲还有日本、韩国、越南、老挝、柬埔寨、泰国和新加坡等;在欧洲有比利时、法国、德国、奥地利、英国和意大利;在北美洲有美国,在南美洲有巴西、阿根廷和巴拉圭,还有大洋洲的澳大利亚等,将近 20 个国家和地区。在这些国家和地区所生长的泡桐多为毛泡桐,他种泡桐较少。除越南和老挝为我国白花泡桐的分布向南延伸为自然分布外,其他多属直接间接由我国引入。现简述如下:

日本是世界上消费泡桐木材量最多的国家。据外贸部门资料介绍,日本除国内生产大量桐木外,每年将需要进口桐木 10 万 m^3 左右。出口桐木的国家有中国(包括台湾省)、韩国、新加坡、泰国、美国、巴西、巴拉圭和阿根廷。据日本神户市泰安公司 1984 年 1~7 月进口桐木报关统计数为 57 531 m^3,其中有原木 22 243 m^3、拼板 14 330 m^3、毛拼板 20 958 m^3,原木和毛拼板以从中国大陆进口的最多,而拼板是从台湾省进口的最多,约占 80%以上。从这里可以了解一些国产泡桐的生产情况。

日本的泡桐属 Paulownia Sieb. & Zucc. 种类,据现在所知有毛泡桐 Paulownia tomentosa (Thunb.) Steud. 、白花泡桐 Paulownia fortunei (Seem) Hemsl. 、台湾泡桐 Paulownia taiwaniana T. W. Hu et H. J. Chang 和紫桐 Paulownia duclixii Dode,而以毛泡桐最为普遍。日本所产的毛泡桐和中国产的毛泡桐在形态上有较大差异,究竟是从中国引入的,还是日本原产的,认识不一。日本植物学家大井和原宽于 1948 年认为,日本的毛泡桐是栽培起源的;工藤右舜在《日本有用树木分类学》中说,泡桐日本有野生,但原产在中国。他们都认为,毛泡桐起源在中国,日本是引入栽培的,但栽培的时间已经很久。由于毛泡桐在日本长期生长于海洋性气候生态条件下和人为的影响而发生了一系列的变异,所以其形态特征和生长情况均与我国大陆生长的毛泡桐有很大变异,但这些变异还没有超出一个种的范畴。所以,我们认为:日本的毛泡桐作为毛泡桐的一个变种来看待是比较恰当的。韩国栽培的泡桐,一般称为朝鲜泡桐 Paulownia coreana Uyeki,据胡秀英教授研究,应属于毛泡桐的一个栽培品种 Paulownia tomentosa (Thunb.) Steud. cv. coreana。它和毛泡桐比较,叶缘少有锯齿或全缘,背面密被黄褐色绵状毛。花紫色,外面有褐色斑点,内面喉部有黄色斑块,可能是很早由我国引入的。据河南省外贸资料介绍,韩国还向日本输出泡桐木材:1970 年为 5 m^3,1971 年为 1 000 m^3,1972 年为 17 529 m^3,1973 年为 13 044 m^3,1984 年 1~7 月为 224 m^3。可见韩国的泡桐栽培是不少的。

越南、老挝、柬埔寨和泰国,除越南、老挝分布的白花泡桐是由我国白花泡桐向南延伸分布的结果。柬埔寨和泰国的泡桐种类未见到介绍。但能向日本输出泡桐木材,说明他们是有泡桐生长的。

新加坡也向日本输出泡桐木材。据河南省外贸资料,1972 年新加坡曾向日本输出泡桐木材 92 m^3。

欧洲各国栽培泡桐属 Paulownia Sieb. & Zucc. 植物种类不多。据资料介绍泡桐引入欧洲最早的 1 株是荷兰植物学家菲·弗·冯·西博尔德 Philipp Franz von Siebold 引入的,他于 1829 年 1 月从日本寄出毛泡桐标本到荷兰,1830 年到达。1835 年他在一份有关泡桐幼树生长情况的报告中说,这株泡桐年生长高 2.0~3.0 m,3 年生树干直径 10.0~12.0 cm。后来,他又把这株泡桐移种到比利时 Chent 植物园,不久比利时发生内战,Siebold 就弃树回到荷兰,这株泡桐便归比利时所有。所以,比利时就成为欧洲第一个有泡桐的国家。

法国引进泡桐开始于 1834 年。Roi 公园主任 Neumann 收到一些毛泡桐种子,在室内进行播种,以后又将苗木进行插条,3 年后移出室外,生长很好,到 1842 年开花,到 1904 年树高达 18.5 m,围径 3.7 m,成了一株雄伟的大树。这一成功,在西方园艺界引起了很大的振奋,现今在巴黎已用毛泡桐 Paulownia tomentosa(Thunb.) Steud. 作为行道树栽植。

英国于 1838 年从日本引入毛泡桐 Paulownia tomentosa(Thunb.) Steud. 种子;1843 年又从法国引种。1912 年,Elwes 和 Henry 记载在英国生长的毛泡桐大树,树高 17.0 m,围径 2.1 m。但毛泡桐在英国北部不开花,只在南部才能开花。在丘园已将毛泡桐作为观赏植物栽培,以赏其苗期巨大的叶片。

1863 年,Tinti 记载过毛泡桐 Paulownia tomentosa(Thunb.) Steud. 在奥地利开花的情况。1888 年,Nicholar 报道在罗马城看到一株壮丽的泡桐树。在北部威尼斯也看到了泡桐树。1950 年,Henry Cocker 还报道在意大利北部 1 株 2 年生的白花泡桐 Paulownia fortunei (Seem) Hemsl. 开了花。这些情况,说明在意大利庭园中泡桐栽培是不罕见的。

在德国,毛泡桐 Paulownia tomentosa(Thunb.) Steud. 生长也较普遍,并开花结果。1921 年,Schwerin 记载 Humbo1 dthan 公园有两株大毛泡桐花盛开。1927 年,Graebner 记载毛泡桐结果的情况。1938 年,Zick 记载他在 Niederlahnstein 火车站看到 1 株泡桐王,树干围径 3.2 m。可见,在德国毛泡桐的生长是相当好的。

南北美洲近年来泡桐属 Paulownia Sieb. & Zucc. 植物发展较快,种类较多,栽培较广,而且在国际市场上出口泡桐木材到日本。据河南省外贸资料,美国从 1968~1973 年共出口桐木 639 m³,1984 年 1~7 月出口桐木 7 323 m³;巴西从 1969~1973 年出口桐木 3 493 m³,1984 年 1~7 月出口桐木 9 281 m³;巴拉圭 1973 年出口桐木 942 m³,1984 年 1~7 月出口桐木 8 090 m³;1984 年 1~7 月,阿根廷也向日本出口桐木 820 m³。这个情况说明南北美洲的泡桐生产是发展的趋势。

美国何时开始引种泡桐,尚未见到报道。1847 年,A. J. Downing 发表文章,他记载美国两种新的观赏树,其中一种就是毛泡桐 Paulownia tomentosa (Thunb.) Steud.。他还记述了毛泡桐的繁殖方法容易、生长快等。1920 年,Britton 记载,美国纽约植物园一株最大的毛泡桐树,其树高 18.3 m、胸径 1.25 m,树龄约为 70 年,已见衰老。

1917 年,A. Eastwood 在加里福尼亚大学校园内采到一份白花泡桐 Paulownia fortunei (Seem) Hemsl. 花的标本。植物学家 E. D. Merrill 教授于 1924 年 4 月在加里福尼亚植物园采到一份白花泡桐开花的标本,7 月又采到同一株树上的叶的标本。由此可知,美国开始引种白花泡桐约在 19 世纪 40 年代,现在发展相当快。

巴西和巴拉圭的泡桐属 Paulownia Sieb. & Zucc. 植物,是日本投资公司为了得到更多廉价的泡桐木材,于 1955 年开始在这两个国家购买土地,从台湾运送种苗种植的。在巴西到 1969 年首次采伐木材 14 m^3,到 1972 年共采泡桐木材 484 m^3,1973 年 1 年采伐量即为 3 009 m^3,1974 年可采伐 10 000 m^3。巴拉圭泡桐木材产量较少,到 1973 年采伐木材 942 m^3。但巴拉圭地处热带和亚热带地区,气候温暖湿润,泡桐生长很快。如在 Art Parana 地区 9 年生台湾泡桐 Paulownia taiwaniana T. W. Hu et H. J. Chang 胸径达 63.8 cm,单株材积 2.06 m^3;6 年生小片纯林(5.0 m × 5.0 m)平均胸径 35.7 cm,每亩蓄积量 10.0~13.3 m^3。可见,巴拉圭发展泡桐是很有希望的。

阿根廷的泡桐生产情况了解不多。据日本神户泰安公司 1984 年 1~7 月统计资料,在这 7 个月内阿根廷向日本输送泡桐木材为 820 m^3。说明阿根廷也在注意发展泡桐生产。

大洋洲也引进了毛泡桐 Paulownia tomentosa (Thunb.) Steud.。据 Tovey 和 Morris 报道,在 Victoria 公园中作为观赏树种植的毛泡桐,它的种子被风吹或流水运动,运到 Wondiligong 河边的岩石溪谷中,因而在那里长出 1 株毛泡桐。说明大洋洲也有泡桐生长。

第四章　恢复泡桐科的建议

第一节　恢复泡桐科的科学依据

泡桐属 Paulownia Sieb. & Zucc. 是否应该成立独立的泡桐科 Paulowniaceae Nakai，至今未有定论。经过调查研究发现，泡桐属植物与其相近属的形态特征确有不小的差异，查阅文献可知也有不少学者支持成立泡桐科 Paulowniaceae Nakai 这一观点。

1995 年，陈志远等发表《泡桐属与其近缘属亲缘关系的探讨》一文。根据 Hutchinson 和 Cronguist 的分类系统中目、科的排列和属的形态特征的近似性，共选取 7 个科中 10 个属为分类运算单位：1. 泡桐属 Paulownia Sieb. & Zucc. 属玄参科 Scrophulariaceae，2. 来江藤属 Brandisia Hook. f. et Thoms. 属玄参科 Scrophulariaceae，3. 美丽桐属 Wightia Wall. 属玄参科 Scrophulariaceae，4. 梓树属 Catalpa Scop. 属紫葳科 Bignoniaceae，5. 羽叶楸属 Stereospermum Cham. 属紫葳科 Bignoniaceae，6. 胡麻属 Sesamum Linn. 属胡麻科 Pedaliaceae，7. 角胡麻属 Martynia Linn. 属角胡麻科 Martyniaceae，8. 旋花属 Convolvulus Linn. 属旋花科 Convolvulaceae，9. 益母草属 Leonurus Linn. 属唇形科 Labiatae，10. 茄属 Solanum Linn. 属茄科 Solanaceae。

经过反复比较筛选，他们选择了泡桐属与其近缘 10 属的 29 个形态特征性状，其中包括枝条 3 个，叶 6 个，花 13 个，果实和种子 3 个，花粉粒 4 个：1. 生长习性，2. 分支类型，3. 小枝星状毛，4. 叶形，5. 叶着生方式，6. 叶基，7. 叶柄长度，8. 叶大小，9. 叶缘，10. 花序类型，11. 苞片数，12. 花萼形状，13. 花冠形状，14. 花冠裂片数，15. 花色，16. 柱头，17. 子房，18. 胚珠数，19. 胎座，20. 雄蕊数，21. 花药开裂方式，22. 雄蕊长度，23. 复合花粉，24. 花粉沟数，25. 花粉大小，26. 花粉萌发孔，27. 果实类型，28. 种子形状，29. 种翅。

对所选的特征性状数量化处理，并运用计算机系统进行数据标准化处理。又利用欧几里距离计算公式计算了两分类单位间的距离，汇集成聚类分析的初始距离矩阵：

	1	2	3	4	5	6	7	8	9
2	8.23								
3	7.43	4.56							
4	8.15	8.03	8.33						
5	8.38	7.96	7.68	6.39					
6	8.27	8.91	8.66	8.15	8.30				
7	8.84	8.37	8.17	8.12	8.46	5.88			
8	8.97	8.24	8.97	8.75	8.63	7.26	6.11		
9	7.53	7.87	9.09	9.24	8.48	8.00	7.38	8.17	
10	7.24	8.39	9.10	7.85	9.64	7.37	8.49	8.07	7.43

又根据初始距离矩阵数据,采用系统聚类中的最长距离法,将聚类结果绘制成系统聚类图,如图 4-1 所示。

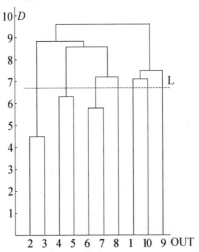

图 4-1 最长距离法系统聚类树系图

他们根据最长距离法聚类树系图,由结合线 L 将 10 个属划分为 7 组、属:
1. 玄参科组(sect. Scrophulariceae):来江藤属 Brandisia Hook. f. et Thoms. 、美丽桐属 Wightia Wall. ;2. 紫葳科组(sect. Bignoniacea):梓树属 Ctalpa Scop. 、羽叶楸属 Stereospermum Cham. ;3. 胡麻科组(sect. Pedaliaceae):胡麻

属 Sesamum Linn.、角胡麻属 Martynia Linn.;4. 旋花科组(sect. Convolvulaceae):旋花属 Convolvulus Linn.;5. 唇形科组(sect. Labiatae):益母草属 Leonurus Linn.;6. 茄科组(sect. Solanaceae):茄属 Solanum Linn.;7. 泡桐科组(scet. Paulowniaceae):泡桐属 Paulownia Sieb. & Zucc.。聚类结果,基本符合传统的分科归类,体现了数量分类与形态分类有很大的一致性,根据枝、叶、角胡麻属并入胡麻科组(sect. Sesamum)。泡桐属 Paulownia Sieb. & Zucc. 既没有归入玄参科组,也没有归入紫葳科组,而是独立成为一组。这一结果说明泡桐属放在玄参科和紫葳科均不合适,应当将泡桐属 Paulownia Sieb. & Zucc. 单独成立一个科——泡桐科 Paulowniaceae Nakai。

目前,成立新的泡桐科这一结论在国内尚未得到一致认可,在此列举其他学者关于泡桐属归科问题的研究,即恢复泡桐科的依据,如表4-1所示。

表4-1 泡桐属分类系统位置研究汇总

年份	学者	内容	观点
1939 年	Gunderson A.	形态研究	泡桐属是向紫葳科演化的一个过程
1981 年	Gunderson A.	泡桐种子含有胚乳和血清反应	泡桐属植物与紫葳科植物不同
1949 年	Nakai	发表泡桐科 Paulowniaceae	泡桐科包含一属——泡桐属 Paulownia Sieb. & Zucc.
1962 年	J. Paclt	发表泡桐科一新属	秀英花属 Shiuyinghua J. Paclt.
1976 年	龚彤	形态研究	泡桐属分类位置介于玄参科与紫葳科之间
1995 年	梁作栒	对泡桐属、羽叶楸属、胡麻属等 10 属植物 29 个性状进行聚类分析	泡桐属既不归入玄参科,也不归入紫葳科。赞同泡桐属应成立泡桐科
2016 年	The Angiosperm Phylogeny Group	An update of the Angiosperm Phylogeny Group classifycation for the orders and families of flowering plants:APG IV	将美丽桐属 Wighita Wall.、泡桐属 Paulownia Sieb. & Zucc. 2 属列入泡桐科

续表 4-1

年份	学者	内容	观点
2016 年	侯婷	构建泡桐属、梓属、毛地黄属 Digitalis Linn. 3 属叶绿体基因组序列及序列合并数据集的发育树	泡桐属植物与紫葳科的梓树、楸树和玄参科的毛地黄属植物之间均有显著差异

目前,关于泡桐属的争议仅在于泡桐属应该纳入玄参科还是紫葳科,或者是成立新的泡桐科。由表 4-1 可知,有许多学者研究证明泡桐属植物与玄参科和紫葳科其他属植物差异性显著,认为其既不属于玄参科,也不属于紫葳科;还有学者同意建立泡桐科,该科仅包含泡桐属 Paulownia Sieb. & Zucc.。Angiosperm Phylogeny Group 将泡桐属提升为泡桐科,包括美丽桐属 Wighita Wall. 和泡桐属 Paulownia Sieb. & Zucc.。

依据形变理论和调查结果,将泡桐属 Paulownia Sieb. & Zucc. 与其相近属:美丽桐属 Wighita Wall.、秀英花属 Shiuyinghua J. Paclt. 三属主要区别性状列举出来,进行形态特征对比,如表 4-2 所示。

表 4-2　美丽桐属、泡桐属、秀英花属性状对比

属名	主要性状区别	
	相同点	不同点
美丽桐属 Wighita Wall.	落叶乔木或幼时为附生灌木状,后为乔木。叶卵圆形、宽卵圆形、近圆形或长卵圆形。蕾序或花序枝侧生为聚伞圆锥花序或总状花序;花萼钟状,不规则 3~5 裂。2 强雄蕊着生于花冠筒基部。蒴果卵球状、椭圆体状、长圆球状	叶革质,疏被星状毛,边缘全缘。萼齿 3~4 枚;花柱伸长,端内曲,柱头不明显;雄蕊超过花冠顶部
泡桐属 Paulownia Sieb. & Zucc.		叶厚纸质,边缘有细锯齿或大角齿。蕾宽卵球状;萼齿 5 枚;柱头点状;花冠长至少 3.0 cm,大多更长;雄蕊不超过花冠顶部
秀英花属 Shiuyinghua J. Paclt.		叶厚纸质,边缘有细锯齿或大角齿。花蕾长圆球状;萼齿 5 枚;柱头 2 裂,穗状;花冠长不超过 3.0 cm,雄蕊不超过花冠顶部

由表 4-2 可知,泡桐属、秀英花属和美丽桐属植物主要形态特征较为相近,但也有较为显著的形态差异。所以,作者认为,应恢复泡桐科 Paulowniaceae Nakai,且泡桐科包括泡桐属 Paulownia Sieb. & Zucc.、美丽桐属 Wighita

Wall. 和秀英花属 Shiuyinghua J. Paclt. 。

第二节　泡桐科植物形态特征与补充描述

一、泡桐科形态特征

泡桐科 Paulowniaceae Nakai

形态特征:落叶乔木或半附生假藤本或寄生灌木。叶对生,大,而有长柄,柄中空,基部心形,边缘全缘、波状,稀具细锯齿,或 3~5 枚三角形齿,多毛。蕾序有叶或无叶。花(1~)3~5(~8)朵成聚伞花序;花序梗极短或无;萼钟状,萼齿 5 枚。花蕾卵球体状;花冠长不超过 3.0 cm 或 3.0 cm 以上。蒴果卵球状、椭圆体状或长椭圆体状;果皮木质化。种子小而多,有膜质翅,具少量胚乳。

本科模式:泡桐属 Paulownia Sieb. & Zucc. 。

分布:中国、日本、朝鲜、越南等均有分布与栽培。

二、泡桐科植物形态特征补充描述

Morphological characteristics:1. Buds on branches and stems are superposed or collateral. 2. The leaves are broadly ovoid, heart-shaped, elliptical-lanceolate or elliptic,with serrated or triangular teeth on their edges. 3. The flowering branches with bear both leaves or side by side and superposed cymes of flowers. 4. The calyx which is five lobed and patelliform. 5. The flower buds are generally oblong. 6. Flower buds oblong. 7. Corolla not longer than 3.0 cm,with stigma appearing biamellate at this stage of immaturity. 8. The fruit is inverted ellipsoidal,its apex is blunt,inflated,and the middle is tapered downward.

Additional descriptiom:Shiuyinghua silvestrii(Pamp. et Bon.)J. Paclt、Paulownia kawakamii Ito、Paulownia seriati-superimposita Y. M. Fan et T. B. Zhao, sp. nov、Paulownia duclouxii Dode、Paulownia penduli-fructi-inflorescentia J. T. Chen,Y. M. Fan et T. B. Zhao,sp. nov. .

补充描述:1. 枝、干上芽叠生、并生;2. 叶宽卵圆形、心形、椭圆-披针形、椭圆形,边缘具细锯齿或三角形齿;3. 蕾序枝具有对生叶或并生与叠生聚伞花序;4. 花萼 5 裂、盘状;5. 花筒通常筒状。6. 花蕾长椭圆体状;7. 花冠长不超过 3.0 cm,柱头 2 裂,穗状;8. 果实倒椭圆体状,先端钝圆、膨大,中部向下渐细。

　　补充描述依据：秀英花 Shiuyinghua silvestrii（Pamp. et Bon.）J. Paclt、齿叶泡桐 Paulownia kawakamii Ito、并叠序泡桐 Paulownia seriati-superimposita Y. M. Fan et T. B. Zhao, sp. nov.、紫桐 Paulownia duclouxii Dode、垂果序泡桐 Paulownia penduli-fructi-inflorescentia J. T. Chen, Y. M. Fan et T. B. Zhao, sp. nov. 等。

第五章　泡桐属植物分类研究方法

第一节　植物分类理论和方法

一、形态鉴定与分类方法

（一）形变理论

形态理论（形变理论）是指植物（生物）的形态变异及其变异规律。研究植物分类系统建立、物种起源与演化途径探讨，以及发现新分类群的重要理论之一。因为任何植物在长期的系统发育过程中，受立地条件、环境因子的影响、自然杂交或人工杂交，一定会产生新的形态等变异。其变异的显著性，是划分植物不同类群的理论基础。目前，植物的分类研究已从传统的形态学研究深入到了分子研究水平。胡秀英根据泡桐属植物花及果实性状等特征，将泡桐属植物 Paulownia Sieb. & Zucc. 划分为：大花泡桐组（白花泡桐组）sect. Fortuneana Dode、毛泡桐组（泡桐组）sect. Tomentosa 和台湾泡桐组 sect. Kawakamii S. Y. Hu。

（二）模式理论

模式理论（模式概念）是指形态相似的个体所组成的物种，同种个体符合于同一"模式"。这一概念（理论）是建立在物种不变的理论基础上的。因而，同一物种，不同学者采用不同的命名等级，甚至相差极大。例如，A. Render & E. H. Wilson 发表凹叶厚朴变种 Magonlia officinalis Rehd. & Wils. var. biloba Rehd. & Wils. ，而郑万钧则作为种级处理（裸名）Magnolia biloba（Rehd. & Wils.）Cheng，刘玉壶则将凹叶厚朴作为亚种处理，即 Magnolia officinalis Rehd. & Wils. subsp. biloba（Rehd. & Wils.）Law（1996）。所以，"模式理论"普遍受到世界上所有进化论者的批判。但是，作为一种方法和手段，却在植物分类的实践中普遍加以应用，并且在《国际植物命名法规》中有明确规定。

模式理论是以特征分析为主的。特征分析即物种、系统和特征三者相互联系、相互约束组成生物分类学原理的整体。生物分类工作者的实质，在于从对立对比中发现特征（特性）、分析特征（特性）的异同，据以分门别类。

　　植物学经典分类方法(模式方法)在《国际植物命名法规》中明确规定:属以下分类群,必须以命名模式为根据。描述和命名新分类群(指新种、新亚种、新变种)所依据的标本,实指一份标本。这份标本,通常称为主模式(holotypus)。这种方法,在植物分类工作中,通称"模式方法"。模式标本,必须是永久保存的。

　　模式方法在植物分类学上是一种行之有效的方法,植物分类学者采用模式方法,并纳入《国际植物命名法规》。其原因在于:个体不能代表群体,但又能代表群体;否则,鉴别或发现新种、新变种就无所依据。为此,在鉴定物种时,必须以群体特征为基础,在群体中找出稳定的形态特征,作为其与同属其他物种(包括亚种、变种)相区别的特征,以此确定其不同类群的级别。然后,根据不同物种形态特征或特性的相似和区别,加以归类,作为泡桐属等属下分类群确定的依据。

(三) 系统分类理论

　　系统分类理论(系统原理)是指探索和研究植物(生物)种的形成及其形成规律(系统发育),使建立的分类系统能充分反映出生物进化的历史过程。这一过程,包括从无到有、从少到多、从低级到高级三个环节,并从中得出共同起源、分支发展和阶段发展组成的系统分类学的理论基础。

　　1. 共同起源

　　共同起源就是研究生物种的系统发育,探索其亲缘关系。研究生物种的共同起源,就是探索、研究其共同祖先,了解和掌握某类生物种的共同祖先,才能反映出某类生物种的自然谱系。这种自然谱系,称单元系统。共同起源作为系统分类理论,就是单元系统理论(原理)。

　　2. 分支发展

　　分支发展是指从少到多的发育过程。一个新物种的产生,最初总是少数,在理论上是一个物种。这个从少到多的过程就是分支发展的过程,是物种形成的最基本过程。这条原理早已被人们所利用,如系统树(denroram)就是分支发展的谱系。目前,有些学者不承认新物种(变种、品种)初期是少数植株的观点是错误的。阶段发展是指生物从低级到高级发育。例如,1个新的物种(变种、品种)开始时总是少数,接着数量增多(分支分化),继而出现新物种(变种、品种)的庞大群体。该群体随着历史的发展,生活条件的改变,以及人工选育,一些新的变异植株出现,一些适应性强的类群(种、变种、品种)得到发展,另一些类群被淘汰,这是历史发展的必然趋势和结果。

3. 阶段发展

分支发展是横的发展,阶段发展是纵的上升。一个新物种或类群的出现,开始总是少数,随着数量的增加(分支发展),继而又出现更新的物种或类群(阶段发展),更新的物种或类群出现、发展、淘汰;又有新的物种或类群出现与发展、淘汰……这就是生物历史发展的规律和必然结果。

4. 特征分析

物种、系统和特征三者相互联系、相互引申,组成生物分类学原理的一个整体。陈世骧教授指出,分类特征是对立的特征,只有对立的意义,没有独立的意义。在生物界中,物种或物类都是通过对立对比而互相区别的,通过对立对比而互为存在的条件。所以,生物分类学的工作实质在于对物种或物类进行对比,从中发现特征、分析特征。然后,根据其特征,分门别类,提出其新分类系统。特征分析的依据有如下几个:

(1) 共性与特征。

共性是归纳事物的依据,特征是区分事物的依据(条件)。共性与特征是对立统一的,是一切生物分类的依据。所以,生物分类是分与合的统一,是通过共性与特征的对立对比进行的。生物分类都有一个层次问题。层次关系或分类级别(分类单元、分类群、分类等级),都是通过共性与特征的对立统一而实现的。在植物分类学中的分类层次(分类单元、分类群、分类等级)中,上级特征是下级的共性,下级的共性是上级的特征。

总之,上述分类单位的确立都是在研究某生物类群共性与特征之后而提出的。

(2) 祖先特征与新的特征。

祖先特征是祖系传给的特征,新的特征是本系获得的特征。建立分类群(分类单元、分类级别、分类等级)(指科、属、种、亚种、变种等),必须采用新的特征,不取祖先特征。因为新的特征是新分类群产生的依据和标志,也是单源系统的自然标志。这是选用分类特征,建立新分类群、分类单元的基本原理。分类特征是生物物类(分类群)历史地位的标志,是随着新分类群如新种、新变种等的出现而出现的,同样是长期历史形成的产物。但是,祖先特征与新的特性相结合,则是发现新分类群与选育新品种的重要依据。

(四) 冬态理论

彭慕海、崔爱萍等认为,树木的冬态指冬季树木落叶后,其营养器官保留的能反映和被鉴定出某种树种的形态特征。陈益军运用贝叶斯方法建立了冬态树木的分类系统。另外,还有很多学者对观赏树木的冬态识别要点进行了讨论。作者认为,泡桐冬态是指冬季泡桐落叶后,根据其树干及枝条保留的能够识别出不同种类泡桐的形态特征。作者对泡桐属 Paulownia Sieb. & Zucc. 植物的调查研究发现:泡桐属植物冬态形态较为稳定,且不同种类冬态特征有明显区别。所以,泡桐属 Paulownia Sieb. & Zucc. 植物冬态特征,可作为其分类的重要依据。另外,在生产上,发展新优品种,必须掌握苗木冬态特征,避免不良苗木栽植,故研究苗木冬态尤为重要。

二、孢粉学分类方法

孢粉形态分类研究是将植物种花粉的形状、大小及萌发孔沟的特征等作为分析植物进化发育的依据。孢粉形态研究是植物分类和系统演化研究的一种重要方法和手段。熊金桥等对泡桐属 Paulownia Sieb. & Zucc. 10 种植物的花粉形态进行观察、分析,讨论了 6 种泡桐的分类问题。卢龙斗等对 5 种泡桐花粉形态进行研究,提出花粉形态指标可以作为泡桐属植物种间分类的重要依据。这些研究可以看出,孢粉形态研究也是植物分类学中一种重要的方法和手段。

三、数量分类学方法

数量分类学是依据数学原理并运用计算机软件把分类研究从定性描述转换到定量分析,从而解决生物学中的分类问题。它的应用给生物分类学的发展带来重大影响。毛汉书、杨果等运用数量分类法对中国梅花品种进行了分类研究。王明明等运用数量分类法对木瓜属品种资源进行了分类研究。这些研究表明,数量分类学在分析植物间亲缘关系及进化关系时是一种很有效的方法。熊金桥、陈志远运用数量分类法,对泡桐属 Paulownia Sieb. & Zucc. 12 种植物的 38 个性状进行分析,将其分为三组:白花泡桐组,包括白花泡桐、兰考泡桐、建始泡桐、宜昌泡桐、兴山泡桐;毛泡桐组,包括毛泡桐、川泡桐、南方泡桐、海岛泡桐、台湾泡桐;楸叶泡桐组 sect. Catalpifolia,包括楸叶泡桐、山明泡桐、鄂川泡桐。同时,记录楸叶泡桐组的形态特征要点是:花较大,花冠为管状漏斗状。其中两种无花粉、果稀少。

四、细胞分类学方法

细胞分类学方法主要有同工酶法和染色体数目观察法。龚本海等以 5 种泡桐为材料,进行了 SOD 同工酶和可溶性蛋白质的谱带分析,讨论了部分种的起源和种间亲缘关系。陈红林等对 8 种泡桐进行同工酶分析,并讨论了泡桐种间的关系。关于泡桐属 Paulownia Sieb. & Zucc. 植物染色体的研究也有许多学者做了尝试,但仅利用染色体数目作为种间鉴定依据带有一定的主观性,需结合其他方法进行分析。由此可见,细胞分类学方法在研究种间亲缘关系上应用也较为普遍。

五、分子生物学方法

分子生物学分类方法主要依据不同的分子标记方法对植物的遗传多样性进行分析。卢妍妍利用两种分子标记方法对泡桐属植物的遗传多样性和亲缘关系进行了分析,发现不同的分子标记方法分析结果与传统的形态学分析结果有一定的一致性,说明分子标记方法对于鉴定植物间亲缘关系具有一定的可靠性。莫文娟等对 21 种泡桐进行了亲缘关系的 ISSR 分析,将其分为 3 个类群,并对种间关系进行了讨论。随着分子生物学技术的发展,其在植物分类上的应用越来越广泛,它的运用对于验证形态分类的正确与否具有重要意义。

六、种的概念

目前,“种”species(sp.)的定义多种多样,没有一个统一认识的标准与依据。总结各学者对“种”的定义有 19 种之说。现简述如下。

1. Carl Linnaeus 之说

Carl Linnaeus(1738)认为,“生物原被创造而成各自独立迥异之种类”,不因杂交,或其他方式而改变种类,即生物种是由上帝创造的。Carl Linnaeus 晚年(1774),开始承认不同种类可以杂交,而称述:上帝造物由简而繁,由少而多,植物界亦然,首先创造众多植物类,以代一自然排列,由此排列而再繁衍而成今日之‘属’级植物群;再有属繁衍而产生各‘种’级植物,但不包括不孕性的杂交种类。

2. Koeleuter 之说

Koeleuter(1761~1766)及 Gaertner(1849)经过杂交试验,得出结论:种与种间杂交后代几属不孕性,但同种内的变种与变种间杂交,则可产生不孕性的后代。

3. Jordan 之说

Jordan(1846)认为,种具多种可识别的地域性族群,此族群的组成分子可自交并繁衍其后代,且仍保存可识别的特征,并分占不同的生态地位。

4. Darwin 之说

Darwin(1859)在《物种起源》一书中认为,生物种具有相当程度的变异,导致产生自然淘汰的意义及影响适者生存的结果。

5. 黄增泉之说

黄增泉(1974)在《高等植物分类学原理》一书中认为,种"外形上可供识别,且可自行繁殖而绵延不绝;同时,与相近族群在遗传上、地理上及环境适应上,则具或多或少之隔离族群"。

6. Du Riettz 之说

Du Riettz(1930)提出:"种是最小的天然族群,在生物型(biotype)上发生特殊的不连续现象,使其永远分隔"。生物型——具有相同基因型的所有个体。

7. Thoorpe 之说

Thoorpe(1940)认为,一群个体因生理上的不同,才不与其他族群相交配(广义的),有时也因构造上的不同而不进行交配。

8. Gilmour 之说

Gilmour(1940)认为,种为一群个体,具有相同性质及其相似程度。此种程度,应由分类学家判定之。

9. Timofeeff-Ressovsky 之说

Timofeeff-Ressovsky(1940)认为,种为一群个体,其形态上、生理上皆属相同——包括若干分类最低的分类群——与同处一地区或紧邻它的个体群,在生物观点上,几乎完全隔离。

10. Cain 之说

Cain(1944)认为,种为书籍上的一个名称,是一个推论名词。一位极富声誉的分类学者所称之种即为种。

11. Babcock 之说

Babcock(1946)归纳种的观念如下:

(1) 具有共同的构造特征,可将有机个体归并而成族群,具有相同的遗传基础,亦即代表其族群特殊染色体的组合。

(2) 其与不同族群间,由不同特征以资鉴别,其中相异特殊之一,即染色体数。

(3) 在族群中,变异性与安定性并存。安定性来自染色体,变异来自染色体突变。

(4) 同一族群中,发生同配子,或自由交配而产生高度可孕性。

(5) 由最早种的演变所形成的群落,最属明显者,当推遗传步骤与变异,致群落中的个体具有相同的后代。

（6）不同种之间,未能自由交配及产生极高不孕外(亦有少数例外),乃合理现象,因其基因与染色体皆不同。

（7）不同生长地区或互相重叠之地区,则产生亚种(地理种)。

12. Stebbins Jr. 之说

Stebbins Jr. (1950)认为,在形态特征及生理特征上,由遗传不连续性而产生的间隙,可供种间区分,故种得以延续,是因不同种间很少基因交换。

13. Neiilson 之说

Neiilson(1950)认为,种为分类上的名称,居属,或亚属之下及亚种,或变种之上;种为一群动物,或植物共同具有一,或一以上相同的特性可自相近的一群动物,或植物识别出,而又可互相交配、繁殖,并遗传其特性,致成一种特有动物,或植物。

14. 川崎次男之说

川崎次男(1971)认为,种应符合以下条件:

（1）种属个体及个体群的集合体。

（2）由于个体群发生变异,致为个体变异及突变2种。

（3）种的个体群呈形态上的类似性。

（4）种的个体群呈决定性的地理分布。

（5）有关染色体等的遗传组成呈一致性。

（6）后代呈孕性。

后又提出种的形成条件:

（1）两个群体具显著的不同形态。

（2）形态上的差异呈不连续性,而隔离极明显。

（3）染色体的遗传组成不一。

（4）无法产生杂种,即令产生,亦属不孕性。

（5）生长之处不同,即生育环境各异。

15. 陈世骧之说

1979年,陈世骧在"关于物种定义"一文中给物种的定义:"物种是生物的进化单元。""物种是生物的繁殖单化和进化单元,进化通过物种的传衍演变而进行。""物种是繁殖单化和进化单元,是生物系统线上的基本间断。"最后指出:"物种是进化单元,因为进化通过物种的传衍演变而进行的,因此现今生存的物种,都是曾经生存的物种的后代——"物种来自物种"。

16. 周长发等之说

周长发等(2011)在《物种的存在与定义》一书中,介绍了物种定义69个。

其中,对 43 个物种定义进行了介绍和评价。现仅介绍 1 种。

(1) 形态学物种:也称模式物种,其定义包括 4 个方面,即物种是由具有同一本质的相似个体组成,具有分明的不连续性同所有其他物种分开,物种不变,任何 1 个物种的可能的变异都有严格的限制。

(2) 分类学物种:其定义为"物种是生物群体或群体组合,它的存在和命名是由合格的分类学家依据明确的特征来限定的"(Regan 1926)。

(3) 人为物种:其定义为"分类学家可根据标本的共同特征来定义物种"(Blackwelder 1967)。

17. 俞德浚教授等之说

1977 年,俞德浚教授等认为,"种"的本质是从它的各方面的现象表现出来的,从它的外部形态、地理分布、生殖繁育、内部构造、细胞遗传、化学结构等方面表现出来的,这些领域的任何一个方面所表现的特征,都反映了种的一定本质。俞德浚教授等研究龙芽草属植物物种的划分时,以"营养器官及花果形态"为依据,参照解剖、细胞遗传等为辅来划分,具有普遍的规律,对于其他属植物物种的划分是切实可行的,并具有指导意义。

总之,以上 17 种之说,可以清楚地表明:世界上所有植物、动物学家对"种"的认识也不一致,没有一个统一标准。特别值得重视的是:目前对"种"的认识还存在着极大的分岐,即"大属"与"小属"和"大种派"与"小种派"之争。如刘玉壶将木兰亚科 Magnolioideae 分为 15 属,而 H. P. Nooteboom 将该亚科合并为 2 属,即木兰属 Magnolia Linn. 和厚壁木属 Pachylarnax Dandy。

尽管从 1783~1977 年的近百年间,关于"种"定义多种多样,没有统一的标准和意见。但是,作者归纳起来,主要有 5 种:

(1) 种是由相似的个体组成的,它们经过杂交可以产生能育的后代。

(2) 种有一定的分布区域,种与种之间具有明显的区别,通过杂交可以产生后代。

(3) 种是由居群组成的,不是某一个个体所能代表的。

(4) 种是由若干能够进行杂交,或具有潜在杂交能力的自然居群。这些居群在生殖上是与另外的类群相隔离的。

(5) 个体,或少数植株,不能作为建立新分类群(新种、新亚种、新变种)的依据。作者认为,此观点是错误的,因为任何物种的起源最初都是由单体发展到少数,最后发展成群体。

18. 宋朝枢研究员之说

中国林业科学院宋朝枢研究员(1986)有句名言:"有经验的分类学家说

它是个种,它就是个种"。

19. 作者观点

作者认为,"种"是生物分类学上客观存在的、基本的分类单位,它既有稳定的、相同的形态特征、特性,又有相同的遗传特性,又是由不断地进化和发展中的生物群体组成的,它们经过杂交可以产生能育的后代;在营养器官及花、果形态特征上与同属近似物种具有3点明显的形态特征、特性相区别,可以作为一个独立种。如作者等命名的新种——异叶桑 Morus heterophylla T. B. Zhao, Z. X. Chen et J. T. Chen ex Q. S. Yang et Y. M. Fan,其与蒙桑 Morus mangolica(Bureau)Schneid. 相似和鸡桑 Morus australis Poir. 相似,但区别显著:小枝密被短柔毛、疏被弯曲长柔毛、无毛,或密被多细胞弯曲长柔毛。叶形多变而特异——42 种类型,可归为 13 种类。

根据以上综述,作者提出泡桐科 Paulowniaceae Nakai 泡桐属 Paulownia Sieb. & Zucc. 植物种的定义为:泡桐在其营养器官及花、果形态特征上明显与泡桐属其他物种,并具有 3 点及 3 点以上明显的形态特征、特性相区别,即可以作为一个独立种。其具体形态特征、特性是:① 幼枝与小枝毛被种类差异与有无;冬态特征中干枝上皮孔形状、叶痕形状、休眠芽叠生与并生;② 幼叶与叶片毛被种类差异与有无,展叶期早晚,叶片形状、边缘全缘、波状全缘、细锯齿,或三角形齿等不同;③ 蕾枝、花序枝形状、大小与分枝次数、分枝角度大小等不同;④ 蕾序梗、聚伞花序梗单生、并生与叠生,聚伞花序梗长短等不同;⑤ 花蕾形状、大小与毛被不同;⑥ 萼筒形状,萼片形状、分裂程度与反卷状况等不同;⑦ 花期,花冠筒形状、颜色、毛被差异,花唇瓣形状、反褶程度,花筒内面颜色及有无紫斑和紫色条纹等不同;⑧ 果实形状、大小,喙长短与有无,果片质地,胎座形状与大小等不同;⑨ 种子形状、大小等不同;⑩ 物候学、生态学等习性不同。

第二节　泡桐属植物分类方法

一、形态学分类

(一)形态研究材料

形态研究所用材料来源于河南农业大学科技园区泡桐种质资源圃(N34°86′,E113°05′)和江西省共青城市江益镇跃进村(N29°11′,E115°48′)泡桐种质资源圃。作者于 2017 年春季至秋季对资源圃植株进行调查、记录,并采集标本。将收集到的材料进行形态特征记录、整理与分析。

冬态研究材料及来源如表 5-1 所示。选取 4 种泡桐属 Paulownia Sieb. & Zucc. 一龄植物观察、记录其形态特征,并拍照。

表 5-1　冬态性状观察材料编号、名称及来源

编号	材料名称	来源
1	毛泡桐 Paulownia tomentosa	河南郑州
2	白花泡桐 Paulownia fortunei	河南郑州
3	齿叶泡桐(华东泡桐)Paulownia kawakamii	江西共青城
4	台湾泡桐 Paulownia taiwaniana	河南郑州

(二) 形态研究方法

泡桐属 Paulownia Sieb. & Zucc. 等植物分类群的建立理论,主要是形变理论,即形态特征变异的多样性。依据形变理论等制定泡桐属植物形态性状调查表(见表 5-2),主要内容如下:

表 5-2　泡桐属植物形态性状调查表

序号	性状	序号	性状
1	冠形、枝态	13	花冠形状
2	叶形	14	花径
3	叶长	15	花蕾形状
4	叶宽	16	花萼形状
5	叶表颜色	17	花萼裂片程度
6	叶背颜色	18	萼筒长
7	叶表毛被	19	花萼筒上部内径
8	叶背毛被	20	花萼反卷否
9	叶柄毛被	21	蒴果形状
10	花色	22	蒴果长
11	蕾序或花序形状	23	蒴果径
12	聚伞花序梗长	24	果实多少

（1）对泡桐属植物资源进行调查与整理。根据泡桐属 Paulownia Sieb. & Zucc. 植物形态性状调查表（表 5-2）进行性状观察、记载，并采集标本、拍摄照片，基本查清泡桐属资源现状特征。

（2）根据《国际植物命名法规》的规定，并查阅文献，对泡桐属 Paulownia Sieb. & Zucc. 植物种质资源进行核实和整理，提出种名和形态记载中存在的问题，整理出泡桐属植物的主要鉴别特征，为进一步研究泡桐属植物分类提供依据。

冬季树木落叶后冬态性状较少，所以冬态性状的研究主要在于鉴定部位的选取。通过对泡桐属 Paulownia Sieb. & Zucc. 植物的冬态性状调查发现：同一种，苗干的不同部位，其形态特征有差异；同一部位，不同种苗干，其形态特征也有区别；同一种，同一部位的苗干，其冬态特征也不尽相同。由此可以发现，正确规定并选取苗干性状的观察部位尤为重要。为此，在试验中主要选取苗干梢端以下 20 cm 处、苗干 1/2 处、苗干基部这三个部位作为观察并记录泡桐苗木冬态特征的部位。实践证明，这三个部位可作为记载不同种一龄苗木冬态的标准部位。实地观察、记录不同种冬态形态特征，拍照、记录、整理。

观察内容的选取。泡桐属 Paulownia Sieb. & Zucc. 植物采用栽培的一龄壮苗，且一龄苗形态特征有明显差异。所以，本书以 1 年生冬态苗木作为观察材料，主要选取苗干颜色、皮孔、叶痕和芽等性状作为观察内容。

二、数量分类

（一）数量分类试验材料

试验材料来源于河南农业大学科技园区泡桐种质资源圃（N34°86′，E113°05′）和江西省共青城市江益镇跃进村（N29°11′，E115°48′）泡桐种质资源圃。定期对试验材料进行管理，保证其生长状态良好，性状相对稳定。

（二）数量分类试验方法

2017 年，春季到秋季定期对泡桐资源圃内植物进行调查，测量其生长性状，记录其形态变化，并采集叶片标本，带回实验室观察其毛被情况。共选取 11 种泡桐属植物，作为数量分类研究的材料（见表 5-3），即数量分类运算单位。

对研究材料进行了系统的形态观测、记录，并依据形态理论筛选出 22 个有分类价值的性状特征进行编码处理。主要性状及编码如表 5-4 所示。

表5-3　数量分类11种泡桐名称及来源

编号	材料名称	来源
1	毛泡桐 Paulownia tomentosa	河南郑州
2	白花泡桐 Paulownia fortunei	河南郑州
3	齿叶泡桐(华东泡桐)Paulownia kawakamii	江西共青城
4	川泡桐 Paulownia fargesii	河南郑州
5	台湾泡桐 Paulownia taiwaniana	河南郑州
6	鄂川泡桐 Paulownia albiphloea	河南郑州
7	建始泡桐 Paulownia jianshiensis	河南郑州
8	楸叶泡桐 Paulownia catalpifolia	河南郑州
9	兰考泡桐 Paulownia elongata	河南郑州
10	山明泡桐 Paulownia lampropylla	河南郑州
11	宜昌泡桐 Paulownia ichangensis	江西共青城

表5-4　形态性状及编码

编号	性状	编码类型	编码情况
1	叶形	多态性状	长卵圆形1;卵圆形2;近心形3;卵-心形4;卵圆形5;近圆形6
2	叶色	多态性状	浅绿色1;绿色2;深绿色3;墨绿色4
3	叶表毛被	多态性状	无毛1;具柄腺毛、单毛、枝状毛2;具柄腺毛、枝状毛、单毛3
4	叶背毛被	多态性状	具柄腺毛、枝状毛1;枝状毛、具柄腺毛2;具柄腺毛、单毛、枝状毛3;具柄腺毛、枝状毛、单毛4
5	叶柄毛被	二态性状	无0,有1
6	花色	多态性状	近白色1;淡紫色2;浅紫色3;紫色4;紫红色5;深紫色6
7	蕾序或花序枝形状	多态性状	狭圆锥状1;宽圆锥状2;近圆筒状3;圆筒状4

续表 5-4

编号	性状	编码类型	编码情况
8	花冠形状	多态性状	漏斗状 1;漏斗钟状 2;钟−漏斗状 3;近钟状 4;钟状 5;管漏斗状 6
9	花蕾形状	多态性状	三棱状 1;洋犁状 2;洋犁倒卵球状 3;倒长卵球状 4;倒卵球状 5;卵球状 6;近圆球状 7
10	花萼形状	多态性状	狭倒圆锥−钟状 1;倒圆锥状 2;倒圆锥−钟状 3;盘钟状 4;钟状 5
11	花萼反卷否	二态性状	否 0;是 1
12	萼裂程度	多态性状	浅裂 1;深裂 2
13	蒴果形状	多态性状	长卵球状 1;长椭圆体状 2;长圆球状 3;宽圆球状 4;卵球状 5;椭圆体状 6;卵球状 7;近球状 8
其他	叶长、叶宽、花序枝长、聚伞花序梗长、花径、萼筒长、萼筒径、蒴果长、蒴果径等性状均为数值性状,数据标准化后进行运算。以上测量单位均为 cm		

　　数量性状随机选取 5 个材料同一性状的平均值。根据性状的类型对其编码:二态性状,肯定状态编码为 1,否定状态编码为 0;多态性状,按照状态等级依次编码为 1、2、3、4、5 等。将记录的原始数据编码处理后,通过 SPSS21.0 软件标准化处理进行运算,这样得出的结果不仅可以较全面地反映出不同泡桐在形态方面的相似性,还可以反映出它们之间的亲缘关系。

　　利用 SPSS 21.0 软件进行数量分类研究,聚类方法采用组间连接法,距离系数的计算采用平方欧式距离,并用 Z 得分法对不同变量进行标准化处理。

　　此外,还可利用数量方法。

1. R 型聚类分析

　　性状选取的正确与否直接决定聚类分析结果的可信度,对泡桐属 Paulownia Sieb. & Zucc. 植物的性状进行 R 型聚类分析,不仅可以看出各性状间的关系,还可以对 Q 型聚类分析性状选取是否合理进行验证。

　　泡桐属 11 种植物的 R 型聚类结果如图 5-1 所示,在聚类结果图上作等级结合线 L 可以看出,选取的大部分性状是独立的,但花序形状和花瓣裂片程度表现出相关性。因为泡桐属 Paulownia Sieb. & Zucc. 植物不同种之间的花序形状和花瓣裂片程度有很大区别,且取花序形状和花瓣裂片程度两个指标能反映出泡桐花的细微差别,所以予以保留。

总体来说,本试验性状的选取基本符合要求,各性状对揭示不同种类间的演化关系具有比较独立的意义。

使用平均联接（组间）的树状图

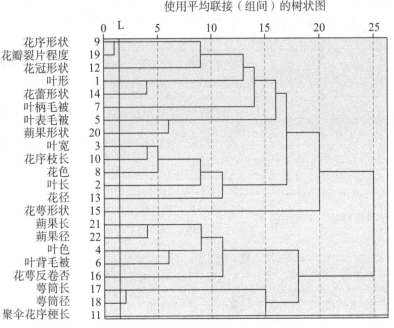

图 5-1　泡桐属 11 种植物的 R 型聚类结果

2. Q 型聚类分析

在本研究中,Q 型聚类分析是以不同的泡桐为分类基本单位进行的分类运算,得到的是不同泡桐间的分类结果。为分析不同泡桐间的亲缘关系,对其 11 个种类进行 Q 型聚类分析,如图 5-2 所示。由数量分类原理可知,样本间亲缘关系越近,在树状图上就越先聚合为一类,表明结合水平越高;反之,样本间亲缘关系越远,就越晚聚合为一类,表明其结合水平越低。

由图 5-2 可知,等级结合线 L 将 11 种泡桐分成 3 个组,其中鄂川泡桐、宜昌泡桐、兰考泡桐、白花泡桐、建始泡桐、楸叶泡桐、山明泡桐聚为一组;川泡桐、毛泡桐、台湾泡桐聚为一组;齿叶泡桐(华东泡桐)则单独一组。此聚类结果清晰地将齿叶泡桐(华东泡桐)分离出来,验证了形态分析中的齿叶泡桐(华东泡桐)叶缘锯齿、花蕾形状及其冬态特征中苗干颜色、皮孔密度大和芽形状等的特异性。同时,白花泡桐、毛泡桐、齿叶泡桐(华东泡桐)分别聚在了不同的组内,验证了形态分析中三者差异性较大的观点。为泡桐属 Paulownia Sieb. & Zucc. 新分类系统的建立奠定了基础。

使用平均联接（组间）的树状图

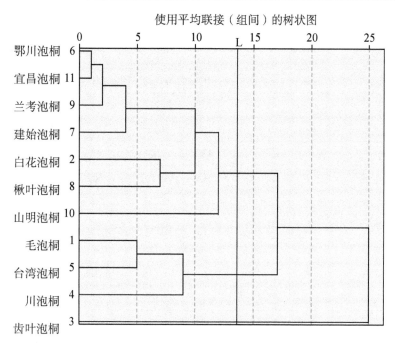

图 5-2 11 种泡桐性状 Q 型聚类分析

3. 主成分分析

对泡桐属 11 种植物的 22 个性状进行了主成分分析,得到各成分的特征值、贡献率及累计贡献率,如表 5-5 所示。从主成分分析结果可以看出:前 7 个主成分的累积贡献率达到 90.028%。第 1 主成分的贡献率为 30.571%,特征向量绝对值较大的性状是花序形状、花序枝长、萼筒长、花瓣裂片程度、蒴果长、叶形、叶宽和叶色等,其特征向量在 0.652 以上,主要反映了泡桐属 Paulownia Sieb. & Zucc. 植物花和叶的情况;第 2 主成分的贡献率为 16.158%,特征向量绝对值较大的性状是蒴果长和叶背毛被等,其特征向量在 0.660 以上,主要反映了果实大小、叶片毛被的情况;第 3 主成分的贡献率为 12.449%,特征向量绝对值较大的性状是花色和花萼反卷情况,其特征向量在 0.546 以上,主要反映了花色及花型的情况;第 4 主成分的贡献率为 8.861%,特征向量绝对值较大的性状是叶柄毛被和蒴果径,其特征向量在 0.633 以上,主要反映了叶柄毛被和果实的情况;第 5 主成分的贡献率为 8.391%,特征向量绝对值较大的性状是花径和花萼形状,其特征向量在 0.518 以上,主要反映了花型的情况;第 6 主成分的贡献率为 7.345%,特征向量绝对值较大的性状是叶长,其特征向量在0.554以上,主要反映了叶大小的情况;第7主成分的贡献率为

表 5-5　主成分的特征值、贡献率及累计贡献率

性状	主成分						
	1	2	3	4	5	6	7
叶形	0.664	0.002	−0.471	0.268	0.141	0.244	−0.215
叶长	0.313	−0.568	0.287	0.172	0.182	0.554	−0.046
叶宽	0.764	−0.153	0.467	−0.063	0.185	0.286	−0.080
叶色	−0.814	0.352	0.130	0.076	0.046	−0.052	−0.124
叶表毛被	0.397	0.212	−0.427	−0.143	−0.307	0.507	0.426
叶背毛被	−0.253	0.840	0.184	0.213	0.234	0.077	−0.035
叶柄毛被	0.379	−0.150	0.132	0.633	0.263	−0.103	−0.049
花色	0.556	−0.402	0.552	0.117	0.024	−0.311	0.042
花序形状	0.697	0.523	−0.107	0.146	−0.201	−0.279	−0.253
花序枝长	0.810	−0.258	0.313	−0.106	−0.244	0.046	0.225
聚伞花序梗长	−0.408	−0.259	0.344	0.071	0.372	0.211	0.593
花冠形状	0.593	0.348	0.065	0.361	0.442	−0.061	0.127
花径	0.251	−0.156	0.546	0.400	−0.596	0.021	−0.046
花蕾形状	0.456	−0.146	−0.702	0.147	0.471	0.054	−0.107
花萼形状	0.099	0.377	0.353	−0.176	0.518	−0.416	0.358
花萼反卷否	−0.396	0.326	0.547	−0.244	0.008	0.424	−0.387
萼筒长	−0.764	−0.443	−0.148	0.187	−0.151	−0.284	0.090
萼筒径	−0.369	−0.660	−0.271	0.446	−0.141	−0.192	0.123
萼裂程度	0.652	0.461	0.192	0.172	−0.321	−0.267	0.051
蒴果形状	0.197	0.627	−0.224	0.250	−0.332	0.180	0.513
蒴果长	−0.826	0.201	0.160	0.266	−0.034	0.134	0.172
蒴果径	−0.551	0.222	0.080	0.722	−0.008	0.262	−0.160
特征值	6.726	3.555	2.739	1.949	1.846	1.616	1.376
贡献率(%)	30.571	16.158	12.449	8.861	8.391	7.345	6.253
累计贡献率(%)	30.571	46.729	59.178	68.039	76.430	83.775	90.028

6.253%,特征向量绝对值较大的性状是聚伞花序梗长,其特征向量在 0.593 以上,主要反映了花序总梗长度情况。

第三节 泡桐属植物形态学分类

一、形态学分析

泡桐属 Paulownia Sieb. & Zucc. 种间区别主要在于蕾序或花序形状,聚伞花序梗长度,花冠大小、形状和颜色,蒴果形状、多少等,这些特征是主要的形态分类依据。

此外,营养器官的特征,如叶片形状、颜色、毛被情况等性状也是相对稳定的,在分类中也可以作为划分依据。

(一)冠形、枝态

泡桐属 Paulownia Sieb. & Zucc. 植物的冠形、枝条变异较大。整理调查结果发现,树龄相同的白花泡桐 Paulownia fortunei(Seem.)Hemsl. 树冠、枝态和生长情况就有许多不同类型,如表 5-6 所示。

表 5-6 郑州市及共青城市白花泡桐特征

编号	树冠形状	枝态	树高（m）	苗高（m）	胸径（cm）	干高 2.6 m 径(cm)
1	塔状	枝节密,侧枝较细,径 2.0~4.0 cm	18.0~19.0	4.6~5.7	21.4~22.5	18.9~20.4
2	长卵球状	枝节较稀,侧枝较细,径 3.0~4.0 cm	12.9~15.8	3.9~4.8	23.2~25.8	20.3~23.4
3	圆球状	枝节较稀,侧枝粗大,径 5.0~7.0 cm	13.8~14.3	4.1~4.6	19.2~28.5	17.0~25.9
4	宽卵球状	枝节密,侧枝较粗,径 4.0~6.0 cm	13.0~17.0	4.3~5.0	14.0~22.3	12.0~20.0

由表 5-6 可知,树龄相同的白花泡桐树冠就有 4 种类型,且枝条形态、粗细也各不相同。其树高、胸径、干高 2.6 m 径等指标也有不等的差异。这些性状稳定性较差,考虑其原因有可能是立地条件差异而造成的形态变异,为保证本研究结果的可靠性,在此不采用冠形、枝条等性状作为种间分类依据。

（二）叶

泡桐属 Paulownia Sieb. & Zucc. 植物叶形、毛被性状比较稳定，且不同种类泡桐有较明显区别。试验选取 11 种泡桐成熟叶，进行拍照、观察，如图 5-3 所示，并对其主要形态特征进行对比，如表 5-7 所示。

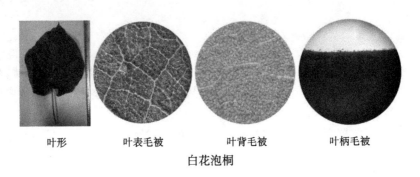

叶形　　　　叶表毛被　　　　叶背毛被　　　　叶柄毛被

白花泡桐

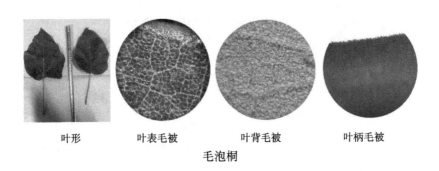

叶形　　　　叶表毛被　　　　叶背毛被　　　　叶柄毛被

毛泡桐

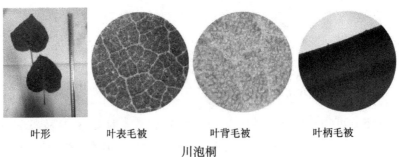

叶形　　　　叶表毛被　　　　叶背毛被　　　　叶柄毛被

川泡桐

图 5-3　11 种泡桐叶形及叶毛被

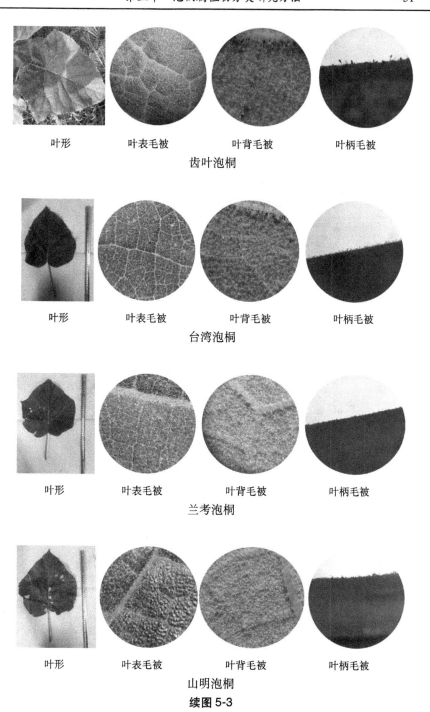

叶形	叶表毛被	叶背毛被	叶柄毛被

齿叶泡桐

叶形	叶表毛被	叶背毛被	叶柄毛被

台湾泡桐

叶形	叶表毛被	叶背毛被	叶柄毛被

兰考泡桐

叶形	叶表毛被	叶背毛被	叶柄毛被

山明泡桐

续图 5-3

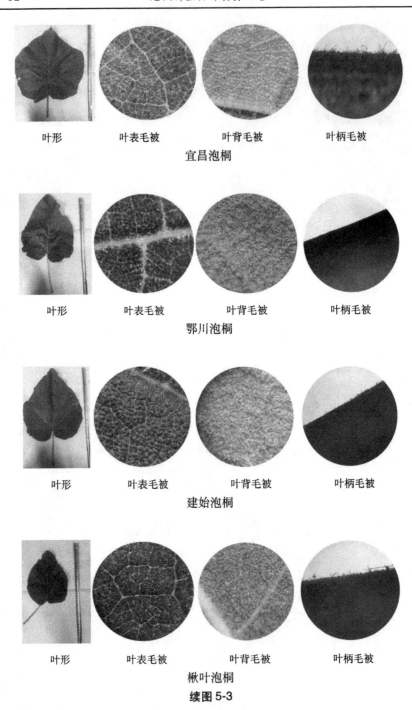

叶形　　　　叶表毛被　　　　叶背毛被　　　　叶柄毛被

宜昌泡桐

叶形　　　　叶表毛被　　　　叶背毛被　　　　叶柄毛被

鄂川泡桐

叶形　　　　叶表毛被　　　　叶背毛被　　　　叶柄毛被

建始泡桐

叶形　　　　叶表毛被　　　　叶背毛被　　　　叶柄毛被

楸叶泡桐

续图 5-3

表5-7 11种泡桐叶形态特征对比

编号	材料名称	叶形	叶缘锯齿	叶表毛被		叶背毛被		叶柄毛被
				疏密	毛被种类	疏密	毛被种类	
1	白花泡桐 Paulownia for-tunei	长卵圆形	全缘	*	具柄腺毛、单毛、枝状毛	*	枝状毛、具柄腺毛	有
2	毛泡桐 P. tomentosa	近心形	全缘或波状浅裂	*	具柄腺毛、枝状毛、单毛	* * *	具柄腺毛、枝状毛、单毛	有
3	川泡桐 P. fargesii	卵圆形至卵圆-心形	全缘或浅波状	*	具柄腺毛、枝状毛、单毛	* *	具柄腺毛、单毛、枝状毛	有
4	齿叶泡桐（华东泡桐）P. kawakamii	心形	叶缘有锯齿	*	具柄腺毛、单毛、枝状毛	* *	具柄腺毛、枝状毛	有
5	台湾泡桐 P. taiwaniana	卵圆-心形	全缘或3~5浅裂	*	具柄腺毛、单毛、枝状毛	* *	具柄腺毛、枝状毛、单毛	有
6	兰考泡桐 P. elongata	卵圆形或宽卵形	全缘或3~5浅裂	*	具柄腺毛、枝状毛、单毛	* * * *	枝状毛、具柄腺毛	有
7	山明泡桐 P. lampropylla	长卵圆-心形	全缘	*	无毛	* * * * *	具柄腺毛、枝状毛	有
8	宜昌泡桐 P. yichangensis	长卵圆形	全缘或浅波状	*	具柄腺毛、单毛、枝状毛	*	具柄腺毛、枝状毛	有
9	鄂川泡桐 P. albiphloea	长卵圆形	全缘	*	具柄腺毛、枝状毛、单毛	* * * * *	具柄腺毛、枝状毛	有
10	建始泡桐 P. jianshiensis	卵圆形或卵圆-心形	全缘或波状	*	具柄腺毛、单毛、枝状毛	* * * *	枝状毛、具柄腺毛	有

续表 5-7

编号	材料名称	叶形	叶缘锯齿	叶表毛被		叶背毛被		叶柄毛被
				疏密	毛被种类	疏密	毛被种类	
11	楸叶泡桐 P. catalpifolia	长卵圆形	全缘	*	具柄腺毛、单毛、枝状毛	* *	枝状毛、具柄腺毛	有

注:疏密仅就枝状毛的覆盖程度来讲,*号越多,则覆盖越密。毛状体种类按照所占比例多少排顺序,较多的在前。

由图 5-3 和表 5-7 可知,泡桐属 Paulownia Sieb. & Zucc. 植物叶形各有差别,有长卵圆形、卵圆-心形、卵形、近圆形等,仅从叶形差异这一性状较难判断出它们之间亲缘关系的远近。但白花泡桐、山明泡桐、鄂川泡桐、楸叶泡桐叶缘全缘,说明它们之间有一定的亲缘关系。齿叶泡桐(华东泡桐)叶缘有锯齿,与其他差异较大。

成熟叶表面毛状体均较少,种类都有 3 种:具柄腺毛、枝状毛、单毛,且都是具柄腺毛较多,但山明泡桐叶表面未发现有毛被,背面都有枝状毛、具柄腺毛。从叶片毛被情况可以说明泡桐属 Paulownia Sieb. & Zucc. 植物之间亲缘关系较近。

白花泡桐和宜昌泡桐、建始泡桐、台湾泡桐、楸叶泡桐叶表毛被类型一致,这说明它们之间亲缘关系可能较近。

兰考泡桐叶表面毛状体与毛泡桐一致,叶面背毛状体介于白花泡桐与毛泡桐之间,这说明兰考泡桐可能是二者的杂交种。

(三) 花

泡桐属 Paulownia Sieb. & Zucc. 植物蕾序或花序枝形态及花形态是形态分类的主要依据。不同泡桐的蕾序或花序形状、聚伞花序梗长短、萼裂深浅、花冠形状等形态特征均有明显的区别。11 种泡桐蕾序或花序枝及花的主要形态区别如表 5-8 所示。

表 5-8　11 种泡桐蕾序、花序枝及花的主要形态对比

编号	材料名称	花色	蕾序或花序形状	聚伞花序梗长	萼裂深浅	花蕾形状	花冠形状
1	白花泡桐 P. fortunei	近白色	近圆筒状	与花梗近等长	浅裂	洋犁形倒卵球状	管状漏斗状

续表 5-8

编号	材料名称	花色	蕾序或花序形状	聚伞花序梗长	萼裂深浅	花蕾形状	花冠形状
2	毛泡桐 P. tomentosa	紫色	宽圆锥状	与花梗近等长	深裂	近球状或宽倒卵球状	漏斗钟状
3	川泡桐 P. fargesii	紫色	宽圆锥状	极短或无	深裂	近球状	近钟状
4	齿叶泡桐（华东泡桐） P. kawakamii	深紫色	宽圆锥状	极短或无	深裂	三棱-卵球状	近钟状
5	台湾泡桐 P. taiwaniana	紫色	宽圆锥状	短于花梗	浅裂	倒长卵球状	近钟状
6	兰考泡桐 P. elongata	紫红色	狭圆锥状	与花梗近等长	浅裂	洋梨状	钟漏斗状
7	山明泡桐 P. lampropylla	淡紫色	圆筒状或狭圆锥状	与花梗近等长	浅裂	洋梨倒卵球状	钟漏斗状
8	宜昌泡桐 P. yichangensis	浅紫色	狭圆锥状	与花梗近等长	浅裂	倒卵球状	钟状
9	鄂川泡桐 P. albiphloea	紫色	狭圆锥状	短于花梗近2倍	浅裂	倒卵球状	漏斗状
10	建始泡桐 P. jianshiensis	紫色	狭圆锥状	与花梗近等长	浅裂	倒卵球状	漏斗钟状
11	楸叶泡桐 P. catalpifolia	淡紫色	圆锥状或圆筒状	与花梗近等长	浅裂	洋梨倒卵球状	管状漏斗状

注:萼裂小于 1/2 为浅裂,大于 1/2 为深裂。

由表 5-8 可知,白花泡桐、毛泡桐、齿叶泡桐(华东泡桐)三者之间蕾序或花序枝及花性状差异较大,说明它们之间亲缘关系可能较远。

兰考泡桐花蕾或花序形状、花序梗长、花蕾形状及花冠形状均介于毛泡桐和白花泡桐形状演变中间,这说明兰考泡桐可能是二者的杂交种,与叶片毛状体对比结果一致。

　　白花泡桐和山明泡桐、楸叶泡桐蕾序或花序形状、聚伞花序梗长、萼裂深浅相近,这说明它们之间亲缘关系较近。

　　齿叶泡桐(华东泡桐)花色最深,且花蕾形状较为特殊,可能与其他泡桐亲缘关系较远。

(四) 果实

　　泡桐属 Paulownia Sieb. & Zucc. 植物果实也是形态分类的主要依据。不同泡桐的果实形状、大小、多少等性状区别明显。调查 11 种泡桐果实主要形态区别如表 5-9 所示。

表5-9　11 种泡桐果实主要形态对比

编号	材料名称	果实形状	果实长(cm)	果实多少
1	白花泡桐 P. fortunei	长椭圆体状	6.0~10	较多
2	毛泡桐 P. tomentosa	近球状	3.0~4.0	多
3	川泡桐 P. fargesii	椭圆体状	3.0~4.5	多
4	齿叶泡桐(华东泡桐)P. kawakamii	近球状	2.0~3.0	多
5	台湾泡桐 P. taiwaniana	长卵球状	2.2~3.5	多
6	兰考泡桐 P. elongata	卵球状	3.0~5.0	较少
7	山明泡桐 P. lampropylla	长卵球状	5.0~6.0	多
8	宜昌泡桐 P. yichangensis	卵球状	4.5~5.5	较少
9	鄂川泡桐 P. albiphloea	宽圆球状	4.0~6.0	多
10	建始泡桐 P. jianshiensis	椭圆体状	4.6~6.5	多
11	楸叶泡桐 P. catalpifolia	长圆球状	3.5~6.0	极少

　　由表 5-9 可知,泡桐属 Paulownia Sieb. & Zucc. 植物果实有多种形状,且大小、结果量也有差异。白花泡桐果实形状较为特殊,是 11 种果实中最长的,且结果量较多。毛泡桐和齿叶泡桐(华东泡桐)果实形状较为相近,但毛泡桐果实比齿叶泡桐(华东泡桐)果实大,二者结果量相当。兰考泡桐形状和大小介于白花泡桐和毛泡桐之间,这与从叶片及花的性状分析的结果较为一致。

(五) 冬态特征

　　试验主要选取苗干颜色、皮孔、叶痕、芽作为主要观察内容。不同种苗干的颜色有明显差异。叶痕是叶片脱落后在苗干上遗留的痕迹,根据叶痕的不同形状和大小可对其进行分类。芽是枝、叶、花的原始体,根据其形状等特征可进行形态分类。4 种泡桐苗干和叶痕图如图 5-4 所示,冬态性状汇总见表 5-10。

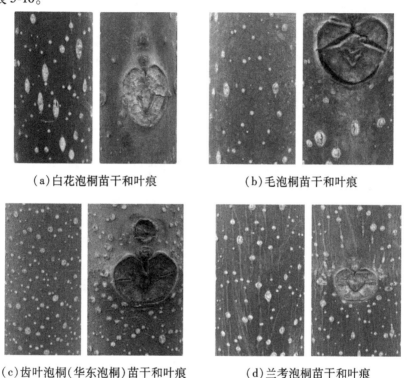

（a）白花泡桐苗干和叶痕　　　　　　（b）毛泡桐苗干和叶痕

（c）齿叶泡桐（华东泡桐）苗干和叶痕　　（d）兰考泡桐苗干和叶痕

图 5-4　4 种泡桐苗干、叶痕和芽

由图 5-4 和表 5-10 可知,白花泡桐苗干颜色深灰褐色,毛泡桐苗干颜色浅灰褐色,齿叶泡桐（华东泡桐）苗干颜色青褐色,三者颜色有明显差异。白花泡桐皮孔密度较毛泡桐皮孔密度大,与齿叶泡桐（华东泡桐）相比皮孔密度较小,齿叶泡桐（华东泡桐）皮孔密度是四种泡桐中最大的,且均为圆形,较为特殊。齿叶泡桐（华东泡桐）芽形状为圆球状,也与其他三种不同。据此可以推测齿叶泡桐（华东泡桐）与其他 3 种泡桐亲缘关系可能较远。

表 5-10　4 种泡桐冬态性状对比

材料名称	苗干颜色	皮孔形状	单位面积皮孔疏密	叶痕形状	芽形状
白花泡桐 P. fortunei	深灰褐色	狭长形、椭圆形	＊＊	近圆形	三角状
毛泡桐 P. tomentosa	浅灰褐色	圆形、椭圆形	＊	近圆形	三角状
齿叶泡桐(华东泡桐) P. kawakamii	青褐色	圆形	＊＊＊	扁心形	圆球状
兰考泡桐 P. elongata	青褐色	圆形、椭圆形	＊＊	扁心形	三角状

注:疏密仅就单位面积皮孔的覆盖程度来讲。＊号越多,则覆盖越密。

第六章 泡桐科植物分类系统

泡桐科植物分3属,现介绍如下。

第一节 秀英花属

Shiuyinghua J. Paclt. SHIUYINGHUA,ANEW GENUS OF SCROPHULARI-ACEAE FROM CHINA. Journal of the Arnold Arboretum,Vol. 43,No. 2(APRIL,1962),pp. 215~217.

形态特征:落叶乔木。叶宽卵圆形。蕾序或花序枝上叶椭圆-披针形,较小。花蕾长圆球状。花萼盘状,5裂。花冠不超过3.0 cm,花筒圆筒状;花柱头2裂,穗状。

本属模式:秀英花 Shiuyinghua silvestrii Pamp. et Bonati。

分布:台湾。

1. 秀英花 图 6-1

Shiuyinghua silvestrii Pamp. et Bonati,Nuovo Giornale Botanico Italiano,new series 18(2):177~179. 1911.

图 6-1 秀英花 Shiuyinghua silvestrii Pamp. et Bon.

(图片来源:《中国数字植物标本馆》)

形态特征:同秀英花属形态特征。

本种模式:No. 2404。

分布:本种分布台湾。

第二节　美丽桐属

Wightia Wall. Pl. Asiat. Rar. 1;71. t. 81. 1830;郑万钧主编. 中国树木志　第四卷:5097. 2004;中国科学院中国植物志编辑委员会. 中国植物志第 67 卷　第二分册:44. 46. 1979.

形态特征:落叶乔木,幼时为附生灌木状,后为乔木。叶宽长圆形,革质,疏被星状毛,边缘全缘,背面脉腋具脉体;叶柄粗。蕾序或花序枝侧生为聚伞圆锥花序或总状花序,密被锈色柔毛,杂上叶椭圆-披针形,较小。花蕾长圆球状。小聚伞花序具花 3~9 朵,花萼钟状,不规则 3~5 裂。花冠紫红色或淡红色,长不超过 3.5 cm,花筒圆筒状,微弯,2 唇裂,上唇长于下唇,上唇直立,2裂,下唇 3 裂,开展,裂片卵圆形,花冠筒内面近基部有毛环;无退化雄蕊,2 强雄蕊,着生冠筒近基部;子房 2 室。蒴果卵球状或卵球-披针状,厚革质,2 片裂,裂片边缘内卷。

本属模式:美丽桐 Wightia speciosissima (D. Don.) Merr.

分布:亚洲越南等。我国云南。

1. 香岩梧桐　图 6-2

Wightia elliptica Merr. Journ. Arn. Arb. 19;66. 1938 et Ivc. 25;316. 1944;郑万钧主编. 中国树木志　第四卷:5097. 2004.

形态特征:落叶乔木,高达 20.0 m;树皮灰黑色。叶宽椭圆形,长 10.5~23.0 cm,先端短渐尖,基部圆形或宽楔形,表面无毛,侧脉 5~6 对,微凹,边缘全缘,背面密被星状毛,脉腋具 4~20 枚腺体;叶柄长 2.0~3.0 cm。蕾序或花序枝呈聚伞圆锥花序,长 8.0~19.5 cm。花冠紫红色,长约 3.5 cm,唇形,裂片卵圆形。蒴果长 4.0~5.0 cm,径约 1.5 cm,两端尖,茶褐色,果皮厚革质。花期 10~11 月;果实成熟期翌年 4~5 月。

本种模式:1932 年 8 月 1 日。Petelot P. A. , # 4198。

分布:云南和越南、马来西亚等。

图 6-2 香岩梧桐 Wightia elliptica Merr.

（图片来源：《中国数字植物标本馆》）

2. 美丽桐（中国植物志） 图 6-3

Wightia speciosissima（D. Don）Merr. Journ. Arn. Arb. 19：67. 1938 1．．c.
25：316. 1944；*Gmelinia speciosissima* D. Don，Prodr. Fl. Nepal. 104. 1825；
Wightia gigantea Wall. Numer. List. Ind. Mus. no. 1828 et Pl. Asiat. Rar. 1：
71，t. 81. 1830；*Wightia alpinii* Caib. Kew Bull. 44. 1913；*Wightia lacei* Craib，
Kew Bull. 114. 1931；郑万钧主编. 中国树木志 第四卷：5098. 图 2825.
2004；中国科学院中国植物志编辑委员会. 中国植物志 第 67 卷 第二分册：
46. 图 17. 1979；*Biological abstracts*，60（11）：6315. 1975.（生物学文摘）.

形态特征：落叶乔木，常半附生假藤本，高达 15. 0 m；树皮灰白色。枝多
少下垂或卷旋。小枝褐色；幼枝被星状毛。叶宽圆形或椭圆形，革质，长
16. 0～30. 0 cm，宽达 15. 0 cm，先端短渐尖、锐尖，基部圆形或宽楔形，表面无
毛，背面被灰黄色星状毛，侧脉 6～7 对；叶柄长 2. 0～3. 0 cm，表面有沟。聚伞
圆锥花序狭长，长达 30. 0 cm 以上，各部均被锈色星状毛。小聚伞花序总梗长
达 1. 0 cm，常具花 3 朵，短花梗上有 1 对细小苞片。花冠粉红色，长约 3. 5
cm，外面被锈色星状毛，上唇 2 裂，下唇 3 裂，中裂片向下，侧裂片反卷；萼钟
状，长宽约 8 mm，不规则 3～5 裂，外面被星状毛；雄蕊 4 枚，伸出花冠外很长，
花丝无毛；子房卵球状，无毛，具 6 条不明显纵纹。蒴果长卵球状或长椭圆体
状，长约 4. 0 cm，薄革质。花期 9～12 月。

本种模式：?

分布:云南和印度尼西亚、越南、印度等。

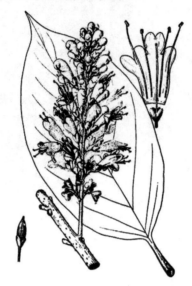

图 6-3　美丽桐 Wightia speciosissima(D. Don) Merr.

(图片来源:《中国树木志》)

美丽桐科 Wightiaceae,美丽桐属 Wightia 2 种,《萼囊花属和美丽桐属系统发育关系的重新研究:透骨草科-新族和唇形目-新科》刘夙等. 2019. 5 W. speciosissima(D. Don) Meer. W. borneensis Hook. f.

第三节　泡桐属

一、泡桐亚属　原亚属

Paulownia Sieb. & Zucc. subgen. Paulownia

Paulownia Sieb. & Zucc. Fl. Jap. 1:25. t. 10. 1835;S. Y. Hu. Quart. Journ. Taiw. Mus. 12:no. 1 et 2. 1~52. 1959;龚彤. 植物分类学报,14(2):38~50. 1976;陈嵘著. 中国树木分类学. 1105. 1937;云南省植物研究所. 云南植物志 第二卷:698. 1979;中国植物志编辑委员会. 中国植物志 第67卷 第二册:28~29. 1979;河南省革命委员会农林局,等. 泡桐图志:3~4. 1975;龚彤. 发表中国泡桐属植物的研究. 植物分类学报,1976,14(2):39~40;中国科学院西北植物研究所编著. 秦岭植物志 第1卷　第4册:317. 1983;大井

次三郎. 日本植物誌:1030. 昭和二十八年;浙江植物志编辑委员会. 卷主编.
郑朝宗. 浙江植物志 第六卷:4. 1993;蒋建平主编. 泡桐栽培学:25~26.
1990;郑万钧主编. 中国树木志　第四卷:5088. 2004;牛春山主编. 陕西树木
志:1066~1067. 1990.

　　形态特征:落叶乔木,稀常绿。树皮灰色,或灰褐色至黑灰色;幼时树皮平
滑;皮孔明显。树冠卵球状至伞形。侧枝为假二叉分枝。小枝粗壮,髓腔大。
枝上多具毛。冬芽(叶芽)小,具2~3对鳞片。顶芽常于冬季枯萎,或形成花
序。单叶对生,稀轮生,或互生,叶大,卵圆形、宽卵圆形、近圆形或长卵圆形,
多毛,具长柄,柄空,边缘全缘、波状或2浅裂,稀具细锯齿,或3~5枚三角形
齿。蕾序有叶或无叶,花(1~)3~5(~8)朵成聚伞花序;花序梗长短不一。花
蕾卵球状、倒长卵体状、棱状。花大,白色、淡紫色、紫色、深紫色;花管漏斗状,
基部狭缩,内面常有紫色、深紫色斑点,或淡黄色晕,有时具纵皱褶;花萼钟状
或盘状,肥厚,萼齿5枚,不等大;花冠唇形,上唇2裂,反卷,下唇3裂,直伸或
微卷,常具黄色条纹及紫斑;雄蕊4枚,二强,着生于花冠筒基部,不伸出,花丝
近基部扭曲,花药分叉;花柱上端微弯,约与雄蕊等长;子房三角-卵球状,由2
心皮组成,2室,中柱胎座,胚珠多数。蒴果卵球状、椭圆体状、长圆球状,成熟
后室背开裂,2 爿裂,或不完全4 爿裂,果皮木质化;种子小而多,具膜翅,少量
胚乳。

　　本属模式:毛泡桐 Paulownia tomentosa(Thunb.)Steud. 。

　　分布:中国、日本、越南等有分布。

Supplementary description of morphological characteristics of Paulownia:

Young branches are green, densely glandular hairs, and rarely branched
hairs. Buds are born side by side and superposed. Leaves rarely evergreen,slightly
wavy entire and 5~7 horned teeth,covered with long glandular hairs,short glandu-
lar hairs,dendritic villous, pilose, stellate hairs;petiole hollow, covered with long
glandular hairs、glandular spots,sparsely dendritic villous。The flowering branches
with small leaves. Inflorescence branchs usually have branches; branches with
cymes. The cyme has 3 to 6 flowers and rarely 1 to 2. When flowering,the tube is
rarely covered with glandular hairs,the upper lip extending, the margin undulating
and slightly lilac;the lower lip is white,curved,with dendritic hairs and glandular
hairs on the edges,and the abdomen is usually free of purple spots and intermittent
purple spots. Fruit calyx discoid,5 lobed,spreading. Capsule globose, ovate glo-
bose.

泡桐属形态补充描述：

幼枝绿色，密被腺毛，罕枝状毛。芽并生及叠生。叶稀常绿，边缘全缘、微波状全缘及 5~7 枚角齿，被长腺毛、短腺毛、树枝状长柔毛、柔毛、星状毛；叶柄中空，被树枝状长腺毛、腺点，疏被树枝状长柔毛。蕾序枝上具小型叶片。花序枝上通常具分枝；分枝上具聚伞花序。聚伞花序具花 3~6 朵，稀 1~2 朵。花时花筒外面稀被腺毛，上面唇瓣外伸，边部起伏，微有淡紫色晕；下面唇瓣白色，外弯，边缘具树枝状缘毛、腺缘毛，腹部通常无紫色斑点及间断紫色斑点。果萼盘状，5 片裂，平展。蒴果球状、卵球状。

（一）泡桐组　原亚组

Paulownia Sieb. & Zucc. sect. Paulownia

形态特征：落叶乔木。树皮灰褐色。小枝皮孔明显，幼时被黏质具柄腺毛及枝状毛。叶卵形或心形，先端锐尖或渐尖，基部心形；花序大，宽圆锥状；聚伞花序总梗与花梗近等长。花蕾小，近圆球状。花较小，花萼钟状，深裂；花冠漏斗钟状。果实多。

本组包括 6 种：1. 毛泡桐 Paulownia tomentosa（Thunb.）Steud.、2. 川泡桐 Paulownia fargesii Franch.、3. 台湾泡桐 Paulownia taiwaniana Hu et Chang、4. 湖南泡桐 Paulownia hunanensis（D. L. Fu et T. B. Zhao）Y. M. Fan et T. B. Zhao, sp. nov.、5. 球果泡桐 Paulownia globosicapsula Y. M. Fan et T. B. Zhao、6. 双小泡桐 Paulownia biniparvitas Y. M. Fan et T. B. Zhao。

1. 毛泡桐　原变种　锈毛泡桐、绒毛泡桐、日本泡桐、籽桐、泡桐（河南）、南京泡桐、白桐　图 6-4

Paulownia tomentosa（Thunb.）Steud. Nomencl. Bot. 2：278. 1841；云南省植物研究所. 云南植物志 第二卷：698~699. 1979；云南省植物研究所. 云南植物志 第二卷：698~699. 图版 195, 1~4. 1979；刘慎谔. 东北木本植物图志：492. 图版 157：393. 1955；S. Y. Hu. A Monograph of the Genus Paulownia, Taiwan Museum, 37. 1959；中国科学院植物研究所主编. 中国高等植物图鉴 第四册：12. 图 5437. 1975；*Bignonia tomentosa* Thunb. Nov. Act. Règ. Soc. Sci. Upsal. 4：35. 39. 1783；*Bignonia tomentosa* Thunb. in Murray, Syst. Vég. Ed. 14, 563. 1784；*Incarvillea tomentosa*（Thunb.）Spreng. Syst. Vég. 2：836. 1825；*Incarvillea tomentosa* Spreng. Syst. Vég. 2：836. 1825；*Paulownia imperialis* Sieb. & Zucc. Fl. Jap. 1：27. t. 10. 1835；*Paulownia grandifolia* Hort. ex Wettst. in Pflanzenf. IV. 35：67. 1891. in obs. ；*Paulownia imperialis* Sieb. & Zucc. var. *lanata* Dode Bull. Soc. Dendr. France 160. 1908；*Paulownia recurva* Rehd. in

Sarg. Pl. Wils. 1(3):577. 1913;陈嵘著. 中国树木分类学:1107. 第九九六图. 1937;中国植物志编辑委员会. 中国植物志　第67卷　第二册:28~299. 1979;河南省革命委员会农林局,等. 泡桐图志:33~39. 图1~5. 1975;龚彤. 发表中国泡桐属植物的研究. 植物分类学报,1976,14(2):42~43. 图2;中国科学院西北植物研究所编著. 秦岭植物志 第1卷 第4册:317~319. 图260. 1983;大井次三郎. 日本植物誌:1031. 昭和二十八年;牧野富太郎著. 增補版牧野　日本植物圖鑑. 150. 第499图. 東京:北隆館　昭和廿十四年;江苏植物研究所. 江苏植物志(下卷):744. 图1971. 1982;浙江植物志编辑委员会. 卷主编. 郑朝宗. 浙江植物志 第六卷:4. (图6-1). 1993;方文培主编. 峨眉植物图志　第二卷　第一分册:1940,1946;蒋建平主编. 泡桐栽培学:38~39. 图2-8. 1990;郑万钧主编. 中国树木志　第四卷:5093~5094. 图2822. 2004;牛春山主编. 陕西树木志:1068~1069. 1990.

　　形态特征:落叶乔木,高达15.0 m,胸径1.0 m。干多低矮、弯曲。树皮浅灰色或暗灰色,不裂或微浅细裂。树冠广卵球状或扁球状;分枝角60度以上。幼枝绿褐色或黄褐色,具长腺毛及分枝毛;皮孔较小,黄白色,圆形或长圆形,微突起;叶痕近圆形;髓心较小。老枝褐色。叶近心形,纸质,长20.0~29.0 cm,宽15.0~28.0 cm,先端渐尖或锐尖,基部心形,边缘全缘或3~5浅裂,表面被具柄腺毛、枝状毛及单毛,背面密被白色具柄腺毛、枝状毛及单毛;叶柄长10.0~26.0 cm,密被腺毛及分枝毛。花序大,宽圆锥状,长40.0~60.0 (~80.0)cm;分枝细长而柔软,下部分枝长达花序轴的2/3左右,分枝角60°~90°;聚伞花序梗长8~25(~30)mm,花梗长5~35 mm,密被淡黄色分枝毛。花蕾近球状或宽倒卵球状,长7~10 mm,径6~8 mm,密被绒毛;花梗顶端弯曲与花蕾几成直角;花较短小,全长5.5~7.5 cm;萼盘-钟状,长10~15 mm,径12~15 mm,基部圆形,裂深约1/2,裂片先端圆或钝,外部毛不脱落;花冠长5.0~7.0 cm,基部直径4~6 mm,中部直径10~13 mm,口部直径15~20 mm,冠幅35~40 mm,外部鲜紫色或微带蓝紫色,密被长腺毛,里面光滑、无毛,近白色,有黄色条纹、紫斑及紫线有多种变化;雄蕊长15~17 mm,柱头位于花药之间或稍高,雌雄器官均被有腺毛。蒴果卵球状、长卵球状或圆球状,长3.0~4.0 cm,直径2.0~2.7 cm,先端细尖,嘴长3~4 mm,成熟前外面具乳头状腺,粘手;二瓣裂;果皮薄而脆。种子长圆体状,长1.5~1.8 mm,连翅长约3.5 mm。花期4~5月,较其他种泡桐晚。果实9~11月成熟。常果实累累,将果序枝压弯下垂。

　　本种模式:湖北房县。毛泡桐 Paulownia tomentosa(Thunb.) Steud. (type

of *Bignonia tomentosa* Thunb.)。

　　分布：毛泡桐原产朝鲜及日本。中国黄河流域至长江流域。河南省西部山区有野生树木。日本及朝鲜亦产。

　　特性：毛泡桐喜光，耐寒性强，适于山地环境；在平原地区生长慢，干多低矮弯曲；接干性能亦差；在西峡、卢氏等山区生长较快，干亦较高。

　　用途：毛泡桐可作农桐间作。木材紫色或灰白色，质坚硬，亦是群众喜用的优质桐材之一。在出口桐木中归"甘肃桐"一类。

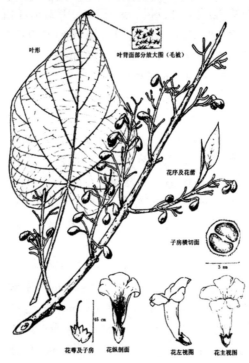

图 6-4　毛泡桐 Paulownia tomentosa(Thunb.) Steud.

（图片来源：《泡桐图志》）

1.1　变种、变型

1.1.1　毛泡桐　锈毛泡桐　原变种

Paulownia tomentosa(Thunb.)Steud. var. tomentosa

1.1.2　光泡桐　秦岭泡桐　光叶泡桐　变种

Paulownia tomentosa (Thunb.) Steud. var. var. tsinlingensis (Pai) Gong Tong,Acta Phytotax Sin. 14(2):43. 1976;*Paulownia forunei* (Seem.) Hemsl.

var. *tsinlingensis* Pai in Contr. Inst. Bot. Natl. Acad. Peiping 3:59. 1935;龚彤. 发表中国泡桐属植物的研究. 植物分类学报,1976,14（2）:43;中国植物志编辑委员会. 中国植物志　第67卷　第二册:35. 1979;中国科学院西北植物研究所编著. 秦岭植物志 第1卷 第四册:319. 1983;中国林业科学研究院泡桐组等编著. 泡桐研究:28. 1982;蒋建平主编. 泡桐栽培学:39. 1990;郑万钧主编. 中国树木志　第四卷:5094~5095. 2004;牛春山主编. 陕西树木志:1069. 1990.

本变种叶基部圆形至近心形，表面无毛或疏被毛。果实卵球状。

产地:本变种分布于甘肃、河南、河北、山西、山东、陕西、四川。

1.1.3　亮叶毛泡桐　变种

Paulownia tomentosa (Thunb.) Steud. var. lucida Z. X. Chang et S. L. Shi,蒋建平主编. 泡桐栽培学:40. 1990;李芳东等著. 中国泡桐属种质资源图谱:26~27. 彩片5张. 2013。

本变种小枝较粗,节较短。叶较厚,表面深绿色,有光泽,背面密被灰绿色树枝状厚毛层;蒴果较大。

模式标本:裴哲新78~5,78~6。

分布:本变种分布辽宁省东沟县、海洋红。

1.1.4　山地毛泡桐　大花类型　变种

Paulownia tomentosa(Thunb.)Steud. var. motana Z. H. Zhu,中国林业科学研究院"泡桐资料";竺肇华. 泡桐研究的现状及展望. 泡桐. 试刊,1984;3~13.

本变种花序枝较粗短。花冠粗大,近钟状。

分布:本变种分布于湖北襄阳、黄冈等。

1.1.5　白花毛泡桐　白花桐　变种

Paulownia tomentosa(Thunb.)Steud. f. pallida Schneid. III. Handb. Laubholzk,II. 618. 1911;陈嵘著. 中国树木分类学:1107. 1937;蒋建平主编. 泡桐栽培学:40~41. 1990;李芳东等著. 中国泡桐属种质资源图谱:30. 彩片1张. 2013;*Paulownia tomentosa*(Thunb.)Steud. var. *pallida* Schneid. 郑万钧主编. 中国树木志　第四卷:5095. 2004。

本变种叶背面毛较少。花较小,近白色,内面有紫色斑点,阳面带紫色晕。

分布:本变种分布于湖北、河南、山东等省。

1.1.6　黄毛泡桐　黄毛桐、小花泡桐、桐子树　变种

Paulownia tomentosa (Thunb.) Steud. var. lanata (Dode) C. K. Schneid.

Ⅲ. Handb. Laubholzk，Ⅱ. 618. 1911；*Paulownia imperialis* Sieb. & Zucc. var. *lanata* Dode Bull. Soc. Dendr. France 160. 1908；陈嵘著. 中国树木分类学. 1107. 1937；云南省植物研究所. 云南植物志 第二卷:699. 1979；*Paulownia tomentosa* K. Koch var. *lanata* C. K. Schneid.，Ⅲ. Handb. laubholzk. Ⅱ:618. 1911；*Paulownia imperialis* Hance var. *γ. lanata* Dode in Bull. Soc. Dendr. France，160. 1908；蒋建平主编. 泡桐栽培学:40. 1990；李芳东等著. 中国泡桐属种质资源图谱:29. 彩片 1 张. 2013；郑万钧主编. 中国树木志 第四卷: 5095. 2004.

本变种形态特征:落叶乔木,高 6.0~14.0 m。小枝密被黄色绒毛。叶卵圆形,薄革质,长 9.0~13.0 cm,宽 8.0~12.0 cm,先端渐尖,基部截形至微心形,边缘全缘或 3 浅裂,表面幼时被星状毛,后无毛,背面密被黄色绒毛,侧脉明显,细网脉被被星状毛覆盖;叶柄长 4.0~10.0 cm。聚伞花序梗密被黄色绒毛。花淡红白色至紫罗兰色;花冠管长 4.5~5.5 cm,径约 3.0 cm;花冠裂片 5 枚,半圆形,长约 2.0 cm,冠内无深紫色斑点,外面有时疏被星状细柔毛;花萼钟状,外面密被黄色绒毛;裂片先端尖。蒴果卵球状,长 3.5~4.5 cm,直径约 2.0 cm,先端尖,萼宿存。花期 2~8 月;果实成熟期 9~12 月成熟。

本变种模式:湖北房县。No. 769。

分布:黄毛泡桐在湖北、云南、四川、贵州、浙江有分布。

1.1.7 日本毛泡桐 紫花桐 变种

Paulownia tomentosa（Thunb.）Steud. var. *japonica* Elwes，Gaard. Chron. ser. III. 69:273. 1921；河南省革委农林科学院林研所. 河南的泡桐种类:19. 1976；Plante Wilsoniaceae 1(3):577. 1913.

本变种形态特征:叶宽卵圆形,边缘全缘或角状 3 浅裂。花紫色;花冠筒内无深紫色斑点或条纹。

本变种模式:1835 年 10 月. 1:27. pl.

分布:日本毛泡桐在湖北、云南、四川、贵州、浙江有分布。

1.1.8 腺毛泡桐 新变种

Paulownia tomentosa（Thunb.）Steud. var. *piliglandula* T. B. Zhao et Y. M. Fan，var. nov.

A var. nov. foliis tate ovatibus margine vel magni-crenatis triangularibus, margine piliis glandulis multicellulis；petiolis 3. 5~4. 5 cm longis dense breviter tomentosis.

Hunan:Zhuzhou City. 1999-07-10. D. L. Fu,No. 997186. HNAC.

本新变种叶宽卵圆形,边缘全缘,或具大三角钝圆,边缘具多细胞腺毛;叶柄长 12.0~18.0 cm,密被短绒毛。

本变种模式:1999 年 7 月 18 日。赵天榜,No. 997186。模式标本,存河南农业大学。

分布:湖南,株洲市。

1.2　类型

1.2.1　白花类型

陈志远. 湖北省泡桐资源调查研究. 泡桐文集. 北京:中国林业出版社,1982:13.

本类型花较小,白色,芳香。

分布:湖北襄阳、黄冈等。

2. 川泡桐　川桐(中国树木分类学)　图 6-5

Paulownia fargesii Franch. in Bull. Mus. Hist. Nat. Paris,II. 280. 1896;S. Y. Hu. A Monograph of the Genus Paulownia,Taiwan Museum,46. 1959;中国科学院植物研究所主编. 中国高等植物图鉴 第四册:13. 图 5439. 1975;陈嵘著. 中国树木分类学:1108. 第九九七图. 1937;中国植物志编辑委员会. 中国植物志　第 67 卷　第二册:41. 图 15. 1979;河南省革命委员会农林局,等. 泡桐图志:47~52. 图 1~5. 1975;龚彤. 发表中国泡桐属植物的研究. 植物分类学报,1976,14(2):44. 图 4;方文培主编. 峨眉植物图志　第二卷　第一分册:1940,1946;蒋建平主编. 泡桐栽培学:42~43. 图 2-11. 1990;郑万钧主编. 中国树木志　第四卷:5096~5097. 2004.

形态特征:落叶乔木,高达 20.0 m,胸径 1.0~2.0 m。树冠宽圆锥状,主干明显。小枝紫褐色至褐灰色;皮孔明显,椭圆形。叶痕近圆形。叶卵圆形至卵-心形,长 15.0~21.0 cm, 宽 12.0~14.0 cm,基部心形,先端急尖或短渐尖,边缘全缘或略呈波状,背面密被白色具柄腺毛、枝状毛、单毛;叶柄长 8.0~11.0 cm,几无毛。花序宽圆锥状,松散,长 15.0~35.0 cm,下部分枝长 8.0~16.0 cm;聚伞花序在下部的具短柄,柄长 2~6 mm,粗壮,上者无柄或几无柄而成伞形花序状;花梗长约 10 mm,粗壮,均密被黄色茸毛。花蕾近圆球状或宽倒卵球状。花萼倒圆锥状,基部渐狭,长 13~20 mm,顶部直径 12~17 mm,密被茸毛,萼裂深达 1/2,裂片三角形,长 5~7 mm。花冠短粗,宽钟状,基部骤狭,长 5.0~7.0 cm,基径 6~7 mm,中径 2.0 cm,上部直径 4.0~4.5 cm,紫色,被腺柔毛;雄蕊长 2.0~2.5 cm;子房圆锥状,长约 5 mm,基部直径 4 mm,具乳头状腺,花柱长约 3.0 cm,疏生乳头状腺。蒴果近球状,长约 3.5

cm,直径 2.3 cm,先端突尖而具短嘴。宿萼裂片不向外反卷。种子长圆形,连翅长 5~6 mm,宽 2~2.5 mm。花期 4 月;果实成熟期 9~10 月。

　　本变型模式:四川西部。1895 年 1 月 1 日。Farges,P. G.., # s. n.。

　　分布:川泡桐产于湖北西部及四川、云南等地。河南省有引种栽培。

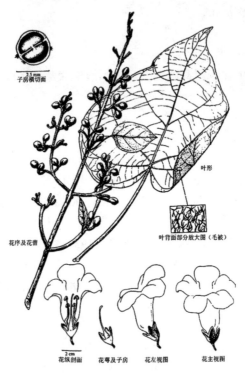

图 6-5　川泡桐 Paulownia fargesii Franch.

(图片来源:《泡桐图志》)

2.1　变种

2.1.1　川泡桐　原变种

Paulownia fargesii Franch. var. fargesii

2.1.2　角齿川泡桐　新变种　图 6-6

Paulownia fargesii Franch. var. angulata Y. M. Fan et T. B. Zhao, var. nov.

A var. nov. foliis subrotundatis,13. 0~19. 0 cm longis,12. 5~20. 0 cm latis, apice mucronatis,basi cordatis,margine integris,3~5-triangulatis vel crenatis;petiolis 8. 0~13. 0 cm.

Hunan:Zhuzhou City. 1999-07-15. D. L. Fu,No. 997153. HNAC.

本新变型种叶近圆形,长 13.0~19.0 cm,宽 12.5~20.0 cm,基部心形,先端短尖或渐尖,边缘全缘,具 3~5 三角形大齿,或圆形大齿;叶柄长 8.0~13.0 cm。

本变种模式:1999 年 7 月 15 日。赵天榜,No.997153。模式标本,存河南农业大学。

分布:湖南,株洲市。

图 6-6　角齿川泡桐 Paulownia fargesii Franch. var. angulata Y. M. Fan et T. B. Zhao

2.2　变型

2.2.1　川泡桐　原变型

Paulownia fargesii Franch. f. fargesii

2.2.2　光叶川泡桐　变型

Paulownia fargesii Franch. f. calva Z. X. Chang et S. L. Shi,蒋建平主编.泡桐栽培学:43. 1990.

本变型成熟叶背面无毛或只有极少的树枝状毛。

本变型模式:1982 年 10 月 27 日。茇哲新,8202。

分布:本变型分布于湖北、四川等地。

2.3　类型

陈志远在进行"湖北省泡桐资源调查研究"(泡桐文集.北京:中国林业出版社,1982:13)中,发现川泡桐有 4 个类型,分述如下:

2.3.1　筒状花序类型

全树花序枝均为圆筒状,下部无侧花序枝。

分布:湖北宣恩县。

2.3.2　白花类型

本类型花白色。

分布:湖北恩施、巴东县。

2.3.3　粘毛类型

全树叶上毛粘手。

分布:湖北来凤县。

2.3.4　宿萼反卷类型

全树上泡桐果花萼裂片反卷。

分布:湖北鹤峰县。

3. 台湾泡桐　海岛泡桐　图 6-7

Paulownia taiwaniana T. W. Hu & H. J. Chang in Taiwania 20(2):166~171. 1975;陈嵘著. 中国树木分类学. 1108. 第九九八图. 1937;中国植物志编辑委员会. 中国植物志 第 67 卷　第二册:447. 图 11. 1979;浙江植物志编辑委员会. 卷主编. 郑朝宗. 浙江植物志 第六卷:5. (图 6-5). 1993.

图 6-7　台湾泡桐 Paulownia taiwaniana T. W. Hu & H. J. Chang

(图片来源:《泡桐图志》)

形态特征:乔木。高约 20.0 m。树冠伞形;枝条开展。叶卵圆形或宽卵圆形,长 10.0~30.0 cm,宽 8.0~30.0 cm,边缘全缘或 3~5 浅裂,基部心形,先端锐尖或渐长,纸质,背面密生绒毛和粘腺毛。花序枝宽大,侧枝长超过中央主枝之半,成宽圆锥状花序,长达 80.0 cm;聚伞花序有短总花梗;花梗长约 5 mm。花序顶端的聚伞花序总梗极短而不明显;花梗长 8~15 mm,具星状毛。花萼钟状。长 1.0~1.5 cm,宽约 1.0 cm,浅裂 1/3~2/5,开花后部分脱毛或不脱毛;花冠近钟状,长 5.0~7.0 cm,紫色,腹部稍带白色,并有两条明显纵褶,里面有暗紫色斑点,外面有星状毛和腺毛。果实长卵球状,长约 4.0 cm,幼时被星状毛,果皮厚约 2 mm;宿萼近漏斗状。种子连翅长 3~3.5 mm。花期 3~4 月;果实成熟期 7~8 月。

本种模式:台湾。1974 年 4 月 6 日。H. J. Chang & S. Y. Leu,# 2364。

分布:台湾、浙江、福建、江西、湖北、湖南、四川、贵州、云南、广东等省;河南有引种栽培。

4. 湖南泡桐　新种　图 6-8

Paulownia hunanensis(D. L. Fu et T. B. Zhao)Y. M. Fan et T. B. Zhao, sp. nov.

Species nov. Paulownia taiwaniana Hu et Cheng sinilis, sed foliis margine integris saepe planis. integris repandis minute et 5~7-angulatis, villosis glandulosis, breviter pili-glandulosis, pilosis ramunculis longis, pilosis, pili-stellis; petiolis pilosis ramunculis longis, pili-glandulosis, glandibus. inflorescentiis saepe cymis, pedicellis 0.5~1.8 cm longis; 3~6-floribus, rare 1~2-floribus; lobis calycibus profumde 1/2. superne labellis lobis vevolubilibus, margine repandis, albis, dilute purpurascentibus, margine ciliatis ramunculis, ciliatis glandulosis, sine purpurree maculis nullis et linearibus purpurascentibus interceptis in intus; stylis 2.0~2.4 cm longis. casulis ovoideis 2.2~2.8 cm longis, diam. 1.2~1.7 cm; calycibus fructibus discoideis 5 lobis saepe planis.

Arbor decidua. Ramuli grossi pallide brunnei; lenticellis expressis elevatis, cinerceo-brunneis; Ramuli juventute viridia dense pilis glanduliferis rare pilis ramulosis. Folia rotundi-cordata 15.0~20.0 cm longa 13.0~18.0 cm lata, supra atroviridia, costis et nervis lateralibus minute depressinibus rare pilis glanduliferis, pilis longis ramulis, glandis cyathiformibus, dense glandibus, subtus viridibus costis et nervis lateralibus express-elevatis ad dense pilis ramulis, pilis glandibus, glandibus, subter pilis ramulis et glandis cyathiformibus vel glandis acetabuliformibus, apice acuminatis, acutis rarc acuminatis longis, basi cordatis vel sub cordatis, margine integris vel repande integris saepe 5～7-angulatis lobis, sparse ciliatis vel ciliatisnullis; petiolis 7. 0～12. 0 cm longis viridulis minute pallidi-purpureis supra in medio longistrorsum sulicis, pilis ramosis densioribus, glanduli-pilis, glandulis sparse pubescentiis ramulis. inflorescentiae magni formis, cymis terminalibus paniculatis apicifixis vel aequantiis; pedunculis 5～18 mm longis; cymis supra 3～6-floribus rare 1～2-floribus , pedicellis 6～20 mm longis supra medium grossis, curvatis, dense flavo-brunneis tomentosis ramunculis. Alabastra obovoidea, dense flavo-brunneis tomentosis ramunculis, apice obtubis basi ob-triangulate conoideis, calycibus 5-lobis, lobis 1/2, extus pilis flavo-brunneis ramunculis. Flores ante folia aperti; magnifores, comalibus 4. 0～5. 0 cm longis, tubulosis 3. 0～3. 5 cm longis, diam. 1. 5～1. 8 cm, apice 5-lobis, superne 2 labellis semi-rotundatis exteris, inferne 3 labellis semi-rotundatis interaneis vel exteris, margine repandis, repandi-crenatis, dense ciliatis breviter pedicellis rare ciliatis glandulis; comalibus tubulatis et labellis extus pilis rare glandulis, pubescentibus ramunculis, intus labellis pilis glandulis, pubescentibus ramunculis, intus glabris, conspicuo olongitudinaliter prismaticis et canaliculatis nullis, punctis purpureis vel vittatis purpureis interceptis, basi extus pilis glandulis, pubescentibus ramunculis; ante florentas purpureos, florescentiae superne labellis albis minute purpurascentibus, infra labellis albis; staminibus 4,2-didy Imamis, antheris flavidis glabris, filamentis 1. 7～2. 2 cm longis, sparse piis glandulis, pubescentiis ramunculis, basi curvatis; ovariis viridulis semi-ovoideis, dense papillate glandulis, stylis 2. 0～2. 4 cm longis, sparse papillate glandulis rare pubescentibus ramunculis. Capsulae globo-ovoideae 1. 8～2. 2 cm longae deam. 1. 2～1. 7 cm, apice acutae apiculiae ca. 3 mm longae, basi semi-globosi cinerceobrunneae; calycibus fructibus discoideis 5-lobis, planis rare retrocurvis, lobis apice acutis retrocurvis, extus pilis ramunculis Forescentiae APR. , Fructus maturationibus Aug. ～Sep.

　　Hunan:Zhuzhou City. 1999-04-28. T. B. Zhao et al. , No. 994282(Branch and flower, holotypus hie disignatus, HNAC).

　　落叶乔木。小枝粗壮,浅褐色;皮孔明显突起,灰褐色;幼枝绿色,密被腺毛,稀枝状毛。叶圆心形,长 15. 0～20. 0 cm,宽 13. 0～18. 0 cm,表面深绿色,主脉和侧脉微凹,脉上疏被腺毛、树枝状长柔毛,杯腺,密被腺点,背面绿色,主脉和侧脉明显隆起,沿脉密被树枝状毛、腺毛、腺点,其余处被树枝状长柔毛及杯腺,或蝶腺,先端渐尖、急尖,稀长渐尖,基部心形,或浅心形,边缘全缘,或波状全缘,常具5~7枚三角形裂片,疏被缘毛,或无缘毛;叶柄长7.0~12.0 cm,绿色,微有浅紫色晕,表面中失具1浅沟,被较密分枝毛、腺毛、腺点,疏被树枝状短柔毛。花序大型,为顶生圆锥状聚年花序;侧花序枝长度达主花序枝的2/3,或等长;花序梗长0.5~1.8 cm;聚伞花序具花3~6朵,稀1~2朵花;花梗长6~20 mm,上部粗,弯曲,密被树枝状黄褐色绒毛。花蕾倒卵球状,密被黄褐色树枝状毛,先端钝圆,基部呈倒三角-锥状,花萼5裂,裂片深达1/2,外面被黄褐色树枝状毛。花先叶开放;花大,花冠长4.0~5.0 cm,冠筒管状,长3.0~3.5 cm,径1.5~1.8 cm,先端5裂,上面2唇瓣,半圆形,外翻,下面3唇瓣,半圆形,内曲或外翻,边缘波状起伏,具波状圆锯齿,并密被短柄状缘毛,稀腺缘毛;冠筒及唇瓣外面疏被腺毛、树枝状短柔毛,唇瓣内面被腺毛、树枝状短柔毛,冠筒内面无毛,无纵褶明显突起,微具紫色点,或间断紫色线,基部外面被腺毛、树枝状短柔毛;花开前紫色,花时上面唇瓣白色,微有淡紫色晕,下唇瓣白色;雄蕊4枚,2强雄蕊,花药淡黄色,无毛,花丝长1.7~2.2 cm,疏被腺毛、树枝状短柔毛,基部弯曲;子房淡绿色,半卵球状,密被乳头状腺,花柱长2.0~2.4 cm,疏被乳头状腺,稀有树枝状短柔毛。蒴果球状、卵球状,长1.8~2.2 cm,径1.2~1.7 cm,先端尖,尖长约3 mm,基部半球状,灰褐色,成熟后2片裂;花盘盘状,平展,稀反曲,裂片先端短尖,且外翻,外面具黄褐色树枝状柔毛。花期4月下旬;果实成熟期8月下旬至9月上旬。

本新种与台湾泡桐 Pauwnia taiwaniana T. W. Yu et H. J. Chang 近似,但区别:叶全缘、微波状全缘及5~7枚角齿,被长腺毛、短腺毛、树枝状长柔毛、

图6-8 湖南泡桐(D. L. Fu et T. B. Zhao) Y. M. Fan et T. B. Zhao

疏柔毛、星状毛；叶柄被树枝状长柔毛、腺毛、腺点。花序通常为聚伞花序,花序梗长 0.5~1.8 cm；聚伞花序具花 3~6 朵,稀 1~2 朵；花萼裂片深达 1/2；花时上唇瓣外翻,边部起伏,白色,微有淡紫色晕,边缘具树枝状缘毛、腺缘毛,内面无紫色斑点,或间断紫色条纹；花柱长 2.2~2.4 cm。蒴果卵球状,长 2.2~2.8 cm,径 1.2~1.7 cm；果萼盘状,5 片裂,平。

湖南：株洲市。1999 年 4 月 28 日。赵天榜和傅大立,No.994282。模式标本,存河南农业大学。

5. **球果泡桐** 新种 图 6-9

Paulownia globosicapsula Y. M. Fan et T. B. Zhao,sp. nov.

Species nov. Paulownia taiwaniana Hu et Cheng sinilis, sed foliis cordatis margine integris vel integris repandis rare sinuatis sparse ciliatis. capsulis parviformis,2.2~2.8 cm longis,1.2~1.7 cm diametris；calycibus capsulis discoideis 5-partitis planis.

Arbor decidua. ramuli grossi pallide brunnei,pilis glanduliferis multicellulis；ramulis juventute viridis dense pilis glanduliferis multicellulis rare pilis ramulosis. folia cordata 13.0~18.0 cm longa 13.0~16.0 cm lata,supra atro-viridia,costis et nervis lateralibus minute depressinibus sparse pilis glanduliferis,pilis longis ramulis,subtus viridibus costis et nervis lateralibus express-elevatis ad dense pilis ramulis,pilis glanduliferis multicellulis,apice acuminatis,acutis,basi cordatis,margine integris vel repande integris,sparse ciliatis；petiolis 9.0~18.0 cm longis viridulis,pubescentibus. ramuli inflorescentiae vulgo 30.0 cm longa；ramulilatera inflorescentiae 6.0~14.0 cm longa；pedicellis 6~15 mm longis,dense tomentosis ramunculis luteolibrunneis. flores non visi. capsulis parviformis,globosis,2.2~2.8 cm longis,2.0~2.5 cm diametris,apice globosis,basi globosis；calycibus capsulis discoideis 5-partitis planis.

Hunan：Zhuzhou City. 1999-07-16. D. L. Fu,No.9907161,HNAC.

落叶乔木。小枝粗壮,灰褐色,被多细胞腺毛；幼枝绿色,密被多细胞腺毛,稀枝状毛。叶心形,长 13.0~18.0 cm,宽 13.0~16.0 cm,表面深绿色,主脉和侧脉微凹,脉上疏被腺毛、树枝状长柔毛,背面淡绿色,主脉和侧脉明显隆起,沿脉密被树枝状毛、多细胞腺毛,先端渐尖、短尖,基部心形,边缘全缘,或波状全缘,稀深波状,疏被缘毛；叶柄长 9.0~18.0 cm,绿色,被较密分枝毛、腺毛,疏被树枝状短柔毛。花序枝短,通常长 30.0 cm；侧花序枝长 6.0~14.0 cm；花序梗长 0.3~1.0 cm；聚年花序具花 2~5 朵,稀 1 朵花；花梗长 6~15

mm,密被树枝状黄褐色绒毛。花不详。蒴果球状,小型,长 2.0~2.5 cm,径 1.5~2.0 cm,先端钝圆,基部球状,成熟后 2 片裂;果萼盘状,5 裂片,平展,裂片先端短尖。

本新种与台湾泡桐 Pauwnia taiwaniana T. W. Yu et H. J. Chang 近似,但区别为:叶心形,边缘全缘,或波状全缘,稀深波状,疏被缘毛。蒴果球状,小型,长 2.2~2.8 cm,径 2.0~2.5 cm;果萼盘状,5 片裂,平展。

湖南:株洲市。1999 年 7 月 16 日。傅大立,No.9907161。模式标本,存河南农业大学。

图 6-9　球果泡桐 Paulownia globosicapsula Y. M. Fan et T. B. Zhao
叶形、果序枝及果实

6. 双小泡桐　新种　图 6-10

Paulownia biniparvitas Y. M. Fan et T. B. Zhao,sp. nov.

Sp. nov. foliis parviformis et casuli parviformis. foliis 2.0~3.0 cm longis, 1.2~2.0 cm latis.

capsulis ovaoideis,parviformis,1.5~2.2 cm longis,dim. 1.2~1.5 cm,dense tumoribus et glebosis tumoribus;calycibus lobis 1/2 profundis.

Arbor decidua. ramuli flavi-brunnei;lenticellis conspicuo elevatis. morphological characterristics:folia parviformae et capsulae parviformae. 1. folia parviformae non regulari-rotundi,supra atroviretibus,stellato-pilosis et pilosis,subtus hlorinis stellato-pilosis paucis,pilis glandulosis multiticellularibus paucis et pilosis paucis；petiolis 8. 5～9. 0 cm longis. rami-inflorescentiae capsulae 30. 0 cm longae. capsulae ovaoidei viridulis，pubescentibus. ramuli inflorescentiae vulgo 30. 0 cm longa. capsulae ovaideusi 1. 5～2. 2 cm longi dim. 1. 2～1. 5 cm，nigrs，extus dense tumoribus et glebosis tumoribus，apice rostratis；lobis calycibus angusti-triangularibus，calycibus losis 1/2 profundis；pedicellis capsulis flexis，dense glebosis tumoribus etminime pubescentibus.

Hunan：Zhuzhou City. 1999-05-05. D. L. Fu，No. 995055. HNAC.

本新种落叶乔木。小枝黄褐色；皮孔明显突起。其形态特征很特殊：叶小型和果实小型。1. 叶小型，不规则-圆形，长 5.5～8.0 cm，宽 5.5～7.0 cm，表面深绿色，被很少星状毛及疏柔毛，背面淡绿色，被很少星状毛、多细胞腺毛及疏柔毛，两面沿脉星状毛、多细胞腺毛及柔毛较多，边部具 4～5-深波状，边缘全缘，被较密星状毛、多细胞腺毛及柔毛；叶柄长 8.5～9.0 cm。果序枝长达30.0 cm。蒴果卵球状，长 1.5～2.2 cm，径 1.2～1.5 cm，黑色，外面密被瘤点及瘤斑，先端尖呈喙状；萼裂片狭三角形，深裂达 1/2；果梗弯，密被瘤斑及很少短柔毛。

湖南：株洲市。1999 年 5 月 5 日。傅大立，No. 995055。模式标本，存河南农业大学。

图 6-10　双小泡桐 Paulownia biniparvitas Y. M. Fan et T. B. Zhao
叶形、果序枝及果实

（二）大花泡桐组（白花泡桐组）　组

Paulownia Sieb. & Zucc. sect. Fortuneana Dode, Bull. Soc. Dendr. France 160. 162. 1908

形态特征：落叶乔木。树皮灰褐色。小枝幼时有毛，后无毛。叶长卵圆形或宽卵圆形，先端长渐尖或锐尖，基部心形。花序短小，圆柱状；聚伞花序梗与花梗近等长。花蕾大，倒长卵球状。花大，花萼倒圆锥钟状，浅裂。花冠管漏斗状。果实较多。

本组模式：白花泡桐 Paulownia fortunei（Seem.）Hemsl.。

本组包括：1. 白花泡桐 Paulownia fortunei（Seem.）Hemsl.、2. 兰考泡桐 Paulownia elongata S. Y. Hu、3. 山明泡桐 Paulownia lamprophylla Z. X. Chang et S. L. Shi、4. 宜昌泡桐 Paulownia ichengensis Z. Y. Chen、5. 鄂川泡桐 Paulownia albophloea Z. H. Zhu、6. 建始泡桐 Paulownia jianshiensis Z. Y. Chen、7. 楸叶泡桐 Paulownia catalpifolia T. Gong ex D. Y. Hong 等 13 种。

1. 白花泡桐　白花桐（桐谱）、泡桐（本草纲目）、大果桐（河南）、华桐、火筒木、沙桐彭、笛螺木（广东）、饭桐子、通心条（广西）、大泡桐（四川）、福氏泡桐、福穹泡桐、荣桐、紫花树、冈桐　图 6-11

Paulownia fortunei（Seem.）Hemsl. in Gard. Chron. ser. 37：448. 1890 et in Journ. Linn. Soc. Bot. 26：180. 1890. p. p. excl. specim. Shangtung；S. Y. Hu. A Monograph of the Genus Paulownia, Taiwan Museum, 42. 1959；Paulownia fortunei（Seem.）Hemsl. in F. B. Forbes & Hemsley, J. Linn. Soc., Bot. 26：180. 1890；中国科学院植物研究所主编. 中国高等植物图鉴 第四册：12. 图 5438. 1975；*Campsis fortunei* Seem. in Journ. Bot. V. 373. 1867；*Paulownia imperialis* auct. non Sieb. & Zucc.：Hance, Journ. Bot. 23：326. 1886；陈嵘著. 中国树木分类学：1106. 第九九四图. 1937；云南省植物研究所. 云南植物志 第二卷：701. 图版 195, 5-7. 1979；*Campsis fortunei* Seem. in Journ. Bot 5：373. 1867；*Paulownia imperialis* Hance in Journ. Bot. XXIII. 326.（non Sieb. & Zuuc.）1885；*Paulownia imperialis* Hance 1885, non Sieb. & Zuuc.；*Paulownia imperialis* Hance in Flora Japonica 1：27. pl. 10. 1835；*Paulownia fortunei* Hemsl. in Journ. Linn. Soc. XXVI. 180. 1890；河南省革命委员会农林局，等. 泡桐图志：5～11. 图 1～5. 1975；龚彤. 中国泡桐属植物的研究. 植物分类学报，1976，14（2）：41. 图 1；中国植物志编辑委员会. 中国植物志 第 67 卷 第二册：39. 图 13. 1979；伊藤武夫著. 台灣樹木圖鑑 正卷：29. 昭和 51 年；江苏植物研究所. 江苏植物（下卷）：745. 图 1972. 1982；广东植物研究所编

辑. 海南植物志 第三卷:496~497. 图 879. 1974;浙江植物志编辑委员会. 卷主编. 郑朝宗. 浙江植物志 第六卷:5. (图 6-3). 1993;方文培主编. 峨眉植物图志 第四卷:76. 1946;蒋建平主编. 泡桐栽培学:28. 30~32. 图 2-3. 1990;郑万钧主编. 中国树木志　第四卷:5089~5090. 图 2819. 2004;牛春山主编. 陕西树木志:1071~1072. 图 1059. 1990.

形态特征:落叶乔木,高达 20.0 m,胸径达 1.0 m。树皮灰褐色,不裂或浅裂。树冠宽卵球状或球状。小枝灰褐色,幼时有毛,后无毛。叶近革质,长卵圆形或卵圆形,长 10.0~25.0 cm,宽 6.0~15.0 cm,边缘全缘或微呈波状,先端长渐尖或锐尖,基部心形,表面深绿色,被具柄腺毛、单毛、枝状毛,背面被枝状毛、具柄腺毛;叶柄长 6.0~14.0 cm。蕾序或花序近圆筒状,长 15.0~35.0 cm,分枝角 45°左右;聚伞花序梗 5~17 mm,花梗长 7~15 mm,聚伞花序梗与花梗近等长。花蕾大,洋梨倒卵球状,长 15~18 mm,直径 8~12 mm;花序柄、花梗及花蕾均密被易脱落的淡灰黄色分枝短柔毛。花大,近白色;花萼肥大,倒圆锥状钟状,长 20~25 mm,裂深 1/3~1/4,基部钝尖,中部直径 10~13 mm,顶部直径 11~17 mm,裂片外曲或不外曲;花冠管-漏斗状,长 8.0~10.0 cm,

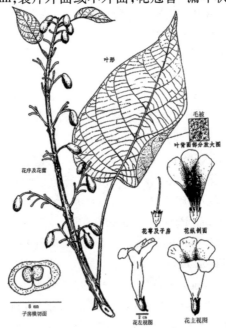

图 6-11　白花泡桐 Paulownia fortunei(Seem.) Hemsl.

(图片来源:《泡桐图志》)

向阳面色深紫,背阴面色浅紫,基部直径 6~7 mm,中部直径 12~18 mm,口部直径 44~47 mm,冠幅 75~85 mm,花冠筒外面几光滑,里面白色,光滑,全被深紫色斑点,沿下唇杂有大形紫斑,有的紫斑密集成块状或组成宽紫色带,或成紫线,稀无大紫斑的,沿下唇二裂处隆起,有黄色条纹;子房长约 10 mm,柱头常较花药高 10~20 mm,稀近等长。蒴果特大,长椭圆体状,长 6.0~10.0 cm,直径 3.0~4.0 cm,两端钝尖,先端有时微曲;二瓣裂,稀三瓣裂,果皮木质,坚硬,厚 3~5 mm,未成熟前表面被有细毛。种子长圆形,长约 2 mm,连翅长约 7 mm,翅白色,一端开张成钝角,一端直伸,不开张或稍开张,似蝶形。花期 3~4 月,果实成熟期 9~10 月。

本种模式:Paulownia fortunei(Seem.)Hemsl. Fortune 46. 48. Spire C. J.,# 197(?)。

分布:白花泡桐在安徽、浙江、福建、台湾、海南、江西、湖北、湖南、四川、云南、贵州、广东、广西等有野生或栽培。越南、老挝也有分布。

特性:白花泡桐为强阳性树种。适于温暖气候,不耐严寒。深根性,喜深厚、湿润、排水良好的砂壤土。在瘠薄、盐碱地方生长不良。

用途:白花泡桐可农桐间作。木材淡黄白色,多供箱板,家具等用。目前,在出口桐木中所占的比重较小。

1.1　类型

1.1.1　银白毛类型

陈志远. 湖北省泡桐资源调查研究. 泡桐文集. 北京:中国林业出版社,1982,12.

本类型花萼外被银白色毛。果实卵-椭圆体状。

分布:湖北长阳、恩施、巴东等县。

1.1.2　长花序类型

陈志远. 湖北省泡桐资源调查研究. 泡桐文集. 北京:中国林业出版社,1982,12.

本类型花序长 52.0~70.0 cm。

分布:湖北宜恩、襄阳等县。

1.1.3　无紫斑类型

陈志远. 湖北省泡桐资源调查研究. 泡桐文集. 北京:中国林业出版社,1982,12.

本类型花冠筒内无紫斑。

分布:湖北石首县。

1.1.4　细枝塔型

蒋建平主编. 泡桐栽培学:31. 1990.

本类型树冠塔状;主侧枝细,上部主侧枝呈 45°角斜展,中部主侧枝平展,下部主侧枝弓曲下垂。小枝下垂。

1.1.5　细枝长卵球型

蒋建平主编. 泡桐栽培学:31. 1990.

本类型树冠长卵球状;主侧枝较细,分枝层次明显,上部主侧枝呈 45°角斜展,中部主侧枝略平展,下部主侧枝弓曲下垂。小枝下垂。

1.1.6　细枝圆头型

蒋建平主编. 泡桐栽培学:31. 1990.

本类型树冠球状;主侧枝细小,上部主侧枝呈 45°角斜展,中、下部主侧枝弓曲平展。叶小,表面无光泽。无花或少花。

1.1.7　粗枝长卵球型

蒋建平主编. 泡桐栽培学:31. 1990.

本类型树冠圆卵球状;主侧枝较粗,上部主侧枝呈 45°角斜展,中、下部主侧枝略下垂。果多、果小。

1.1.8　粗枝宽卵球型

蒋建平主编. 泡桐栽培学:31. 1990.

本类型树冠宽卵球状;枝节密集,中、下部主侧枝连续弯曲略下垂。

1.1.9　粗枝疏冠型

蒋建平主编. 泡桐栽培学:31. 1990.

本类型树冠主侧枝较大、稀疏、明显拐曲或扭曲;小枝呈爪状。

此外,还有如下报道,但无形态特征记录:1. 多果白花泡桐、2. 紫花白花泡桐、3. 细枝白花泡桐。

2.　兰考泡桐　沙桐(南召乔端)、白沙桐(宜阳)、偃师桐(灵宝、林县)、焦裕禄桐(灵宝)、花桐、二花桐(嵩县)、大桐(山东)、河南桐(山东口岸)

图 6-12

Paulownia elongata S. Y. Hu. Quart. J. Taiwan Mus. 12:41. pl. 3. 1959 p. p. excl. specim. Shantung;龚彤, 植物分类学报 14(2):42. Pl. 3. f. 2. 1976;*Paulownia fortunei* auct. non Hemsl.;Pai in Contr. Inst. Bot. Nat. Acad. Peiping 2:187. 1934. p. p.;河南省革命委员会农林局,等. 泡桐图志:26~32. 图 1~5. 1975;龚彤. 发表中国泡桐属植物的研究. 植物分类学报,1976,14(2):42. 图版 3,图 2;中国植物志编辑委员会. 中国植物志 第 67 卷 第二

册:35. 37. 图 11. 1979;李芳东等著. 中国泡桐属种质资源图谱:12~13. 彩片 7 张. 2013;浙江植物志编辑委员会. 卷主编. 郑朝宗. 浙江植物志 第六卷:4~5. (图 6-3). 1993;郑万钧主编. 中国树木志 第四卷:5092~5093. 图 2821. 2004;牛春山主编. 陕西树木志:1069~1070. 图 1057. 1990.

形态特征:落叶乔木,高达 17.0 m,胸径 1.0 m。树皮灰褐色至灰黑色,不裂或浅裂。树冠宽卵球状或扁球状;形分枝角度较大(60°~70°)。小枝粗,髓腔大;节间较长;叶痕近圆形;皮孔明显,黄褐色,圆形至长圆形,微突起。叶卵圆形或宽卵圆形,厚纸质,长 15.0~25.0(~30.0)cm,宽 10.0~20.0 cm,边缘全缘或 3~5 浅裂;幼叶两面密被分枝短柔毛,后表面毛渐脱落;成熟叶表面绿色或淡黄绿色,几无毛,微有光泽,背面淡黄色或淡灰色,被白色或淡灰黄色毛,毛较短;叶柄长 10.0~18.0 cm,初有毛,后渐脱落;苗期叶大,近圆形,长宽各达 50.0 cm 以上,边缘 3~5 浅裂。蕾序或花序狭圆锥状,长 40.0~60.0(~153.0)cm,分枝角 45°左右,最下 1~2 对分枝较小,第 3~4 对分枝最长;聚伞花序梗长 8~16 mm,花梗长 10~24 mm,均被淡黄色分枝短柔毛。花蕾洋梨状,长 12~15 mm,径 8~11 mm,密被淡黄色分枝短柔毛。花大,长 8.0~10.0 cm;花萼倒圆锥钟状,长 15~22 mm,裂深约 1/3,上部一裂片卵-宽三角形,先端钝,其他四裂片卵-三角形,先端尖,齿端不外曲,微外曲,外部毛易脱落;花冠钟漏斗状,长 7.5~9.8 cm,未开前深紫色,开后向阳面紫色,背阴面淡紫色,外被短腺毛及分枝毛,基部直径 4~6 mm,中部直径 20~25 mm,口部直径 35~40 mm,冠幅 45~55 mm,里面无毛,上壁淡紫色,有少数紫斑,下壁近白色,密生紫斑及紫线,有黄色条纹;雄蕊长 16~22 mm;雌蕊长 38~48 mm,柱头较花药高 5~12 mm。蒴果卵球状,长 3.0~5.0 cm,直径 2.0~3.0 cm;二瓣裂;果皮中厚,成熟前外部有细毛;宿萼钟状,裂齿长三角形,先端尖,裂底圆。种子椭圆形,长 1.5~1.8 mm,连翅长 5~6 mm;翅淡黄白色。花期 4~5 月,果实成熟期 9~10 月,一般结果较少。

本种模式:1922 年 4 月 18 日。S. Y. Hu,采集号:# 1959。

分布:兰考泡桐原产河南省,集中分布在黄河故道的开封、商丘、周口、许昌及新乡地区东部,现全省各地广泛栽培,是河南省泡桐中栽培数量最多、生长最快、群众最喜爱的一种。在山东鲁西和安徽省北部近年亦大量栽植。河北、山西、陕西和湖北等省亦有栽培。

特性:兰考泡桐最喜光,深根性,稍耐寒;最适宜湿润、深厚、肥沃、疏松、排水良好的粉沙壤土。在水位过高或过湿之地,根易腐烂。在适宜条件下生长甚速,胸径年生长一般达 4~5 cm,最快可达 8 cm。

　　用途:兰考泡桐为农桐间作良种。其材质松软,灰黄色具红晕,出口价格较低,但数量最大,约占我国出口桐木中的80%以上。口岸上所称的"河南桐"即指此种。

图6-12　兰考泡桐 Paulownia elongata S. Y. Hu

（图片来源:《泡桐图志》）

2.1　变型

2.1.1　兰考泡桐　原变型

Paulownia elongata S. Y. Hu f. elongata

2.1.2　白花兰考泡桐　变型

Paulownia elongata S. Y. Hu f. alba Z. X. Chang et S. L. Shi,河南农业大学学报,第23卷　第1期57. 1989。

　　本变型花白色,向阳面微带紫色,花前淡黄色,上面微带绿色。

　　本变型模式:河南西华县。苌哲新等,73025。模式标本,存河南农业大学。

　　分布:河南西华县等。

2.2　类型

2.2.1　异斑类型

陈志远.湖北省泡桐资源调查研究.泡桐文集.北京:中国林业出版社,1982,12.

本类型花冠筒内紫斑大小、疏密极不均匀,差异显著。果皮甚薄,厚仅1 mm。

分布:湖北黄梅县。

2.2.2　横皱型

陈志远.湖北省泡桐资源调查研究.泡桐文集.北京:中国林业出版社,1982,12.

本类型花冠有横皱褶,且不稳定。

分布:湖北宜昌、长阳等县。

3. 山明泡桐　光桐、光叶桐　图 6-13

Paulownia lamprophylla Z. X. Chang et S. L. Shi,河南农业大学学报,23(1):53~57. 附图. 1989 ;河南省革命委员会农林局,等. 泡桐图志:19~25. 图 1~5. 1975;蒋建平主编. 泡桐栽培学:34~37. 1990;李芳东等著. 中国泡桐属种质资源图谱:14~15. 彩片 7 张. 2013。

形态特征:落叶乔木,高达 18.0 m,胸径 1.0 m。树皮灰褐色至灰黑色,浅纵裂。树冠宽卵球状。小枝初有毛,后渐脱落成光滑。叶厚革质,长椭圆-卵圆形,长卵圆形或卵圆形,长 14.0~33.0 cm,宽 12.0~20.0 cm,边缘全缘,先端长渐尖或锐尖,基部心形,稀圆形或楔形,表面初时有毛,旋即脱落而变光滑,表面深绿色、光亮,背面黄绿色,密被白色分枝毛,毛无柄,排列紧密;叶柄长 8.0~20.0 cm。花序短小,圆筒状或狭圆锥状,长 10.0~30.0(~45.0) cm,下部分枝长约 10.0 cm,分枝角 45°左右;花序轴及分枝初时有毛,后渐脱落;聚伞花序梗及花梗长 5~18 mm,密被黄色分枝短柔毛,毛易脱落。花蕾大,洋梨倒卵球状,长 14~18 mm,径约 10 mm 左右,密被黄色分枝短柔毛,毛易脱落。花大,近漏斗状,长 8.0~10.0 cm,向阳面浅紫色,背阴面近白色,后期则变为白色,外面几光滑无毛,里面无毛,沿下唇二裂处隆起,有黄色条纹,下壁有清晰的紫色虚线及少数细紫斑点外,全部秃净;萼倒圆锥-钟状,肥大而厚,长 18~26 mm,基部钝尖,中部直径 10~12 mm,上部直径 14~20 mm,外部毛易脱落,萼裂深达 1/3~1/4,裂片外曲或不外曲,上方裂片大,舌状,先端圆,下部两裂片较小,三角形,先端尖,侧方两裂片端钝;雄蕊长 20~25 mm,花药长 3~4 mm,未开花前花药即为紫褐色,有的为白色,均无花粉;雌蕊长 4~8 mm,花柱微带紫色;子房卵球状,长约

8 mm。蒴果长卵球状,长5.0~6.0 cm,直径3.0~3.5 cm,先端嘴长3~4 mm;二瓣裂;果皮木质,中厚;宿萼光滑、无毛,裂齿尖,向外反曲。花期4月,果实成熟期9~10月。一般结果量极少或不结果实。

图 6-13　山明泡桐 Paulownia lamprophylla Z. X. Chang et S. L. Shi

(图片来源:《泡桐图志》)

本种模式:河南内乡县。衮哲新等,80062。模式标本,存河南农业大学。

分布:山明泡桐河南省西南部的南阳市地区。湖北襄阳等县、市有栽培。

特性:山明泡桐喜光,适于温暖气候,在分布区内习见于浅山丘陵的黄土地带,生长较快。因其叶厚,表面光滑,群众用以垫馍,故名"光桐"或"光叶桐"。

用途:兰考泡桐为农桐间作良种。其木材较坚硬,易起毛。群众说"光桐不光,毛桐不毛",即指木材而言。

3.1　变型

3.1.1　山明泡桐　原变型

Paulownia lamprophylla Z. X. Chang et S. L. Shi f. lamprophylla

3.1.2　圆叶山明泡桐　变型

Paulownia lamprophylla Z. X. Chang et S. L. Shi f. rotundata Z. X. Chang et S. L. Shi,河南农业大学学报,23(1):57. 1989。

本变型叶基部圆形,稀微凹。

本变型模式:河南新野县。苌哲新等,6197。模式标本,存河南农业大学。

分布:河南新野县。

4. 宜昌泡桐　图6-14

Paulownia ichengensis Z. Y. Chen,陈志远. 泡桐属植物在湖北省生长情况及其生态特性. 华中农学院学报,7 2. 1982;李芳东等著. 中国泡桐属种质资源图谱:16~17. 彩片7张. 2013.

形态特征:叶心形,长卵圆形或卵圆形,长约25.0 cm,宽10.0~15.0 cm,边缘波状全缘,先端渐尖,基部心形,表面深绿色、光亮,背面黄绿色,密被分枝毛,毛无柄,排列紧密;叶柄长10.0~12.0 cm。花序枝狭圆锥状;花序梗与花梗近等长。花蕾倒卵球状,较稀疏。花较大,浅紫色;花萼浅裂;花冠内下唇两皱褶间和内部有多条紫色斑点组成的色线斑,颜色较深。果实卵球状,较少。

本种模式:?

分布:湖北宜昌等有栽培。

图6-14　宜昌泡桐 Paulownia ichengensis Z. Y. Chen

（图片来源:《华中农学院学报》）

5. 鄂川泡桐　图 6-15

Paulownia albophloea Z. H. Zhu,sp. nov.,中国林业科学研学研究所泡桐组等. 泡桐研究:18~19. 图 2-2. 1978;蒋建平主编. 泡桐栽培学:33~34. 图 2-5. 1990;李芳东等著. 中国泡桐属种质资源图谱:20~21. 彩片 6 张. 2013。

形态特征:主干较通直,树干幼时灰白色,较光滑。叶卵圆形至长卵圆-心形,厚革质,表面疏生具柄腺毛、枝状毛、单毛,背面淡黄色,密被具柄腺毛、枝状毛。花序枝较长,一般 40.0 cm,呈狭圆锥状,有时无侧花序枝,呈圆筒状。聚伞花序梗长于花梗长近 2 倍;萼浅裂 1/3~1/4;萼筒较细长,开花时一般不脱毛,后渐脱落,或不脱落;花紫色,花冠漏斗状,长 7.0~8.0 cm,内有紫色细斑点。果长卵球状,长 4.0~6.0 cm,先端往往偏向一侧,成熟果被毛大部不脱落。

本种模式:《泡桐研究》一书中,发表鄂川泡桐 Paulownia albophloea Z. H. Zhu,sp. nov. 时,无模式标本、无拉丁文描述,仅有形态特征记载和形态特征图[*]。

1. 叶形;2. 叶背面;3. 花序枝及花蕾;4. 花;5. 果实;6. 种子。

图 6-15　鄂川泡桐 Paulownia albiphloea Z. H. Zhu

(图片来源:《泡桐栽培学》)

分布:湖北西部恩施地区、四川东部及四川盆地多栽培。野生多生在海拔

200～600 m 的丘陵山地。

　　注：＊根据《国际植物命名法规》中有关规定,现将该种形态特征拉丁文记载如下：

Specie nov. trunces orthotropiora;cinere-aolbis in juvenilibus laevibus. folia ovates～ovaticordata longa,crasse coriacei,supra pilis glandulis,pilis ramunculis, simpicipilis;subtus flavis,dense pilis glandulis,pilis ramunculis. Rami-inflorescentiae longioribus,ca. 40. 0 cm longis,anguste conoideis,interdum non Rami-inflorescentiis lateribus,tubulosis. pedicellis cymis sub 2-multis pedicellis;calycibus 1/3～1/4 lobis;tubulosis calycibus longioribus. flos purpurei,infundibulares, 7. 0～8. 0 cm longis,intus minutis purpureis. capsulae longe ovaoidei,4. 0～6. 0 cm longi,apice non orthotropis,multipilosis non caducis.

　　5.1　变种

　　5.1.1　鄂川泡桐　原变种

Paulownia albophloea Z. H. Zhu var. albophloea

　　5.1.2　成都泡桐　变种

Paulownia albophloea Z. H. Zhu var. changtuensis Z. H. Zhu,var. nov. , 中国林业科学研究所泡桐组等. 泡桐研究:20. 1978;中国林业科学研究院泡桐组等编著. 泡桐研究:20. 1982;蒋建平主编. 泡桐栽培学:34. 1990;李芳东等著. 中国泡桐属种质资源图谱:24～25. 彩片 8 张. 2013。

　　本变种落叶乔木;侧枝粗大,枝角大。叶心形,厚纸质,表面深绿色,具光泽,无毛,背面无毛,淡黄色。花序枝上部无分枝。萼片浅裂。果实短圆球状,长 4.0～6.0 cm,具明显短梗。

　　分布:本变种分布于湖北、四川。

　　6. 建始泡桐　图 6-16

Paulownia jianshiensis Z. Y. Chen,华中农业大学学报,14(2):191～194. 1995;李芳东等著. 中国泡桐属种质资源图谱:22～23. 彩片 7 张. 2013。

　　形态特征:落叶乔木,高达 19.0 m。树皮平滑,灰褐色。树冠卵球状。小枝幼时被柔毛,后近光滑。叶卵-心形,边缘全缘,或呈波状,有时有角,长 24.0～38.0 cm,宽 17.0～25.0 cm,表面深绿色,略被白色具柄腺毛、单毛、分枝毛,背面灰绿色,密被浅灰色枝状毛、具柄腺毛。蕾序,或花序枝狭圆锥状,长 29.0～47.0 cm,下部侧序枝粗壮,长 10.00～23.0 cm。聚伞花序梗与花梗近等长;花梗长 1.0～2.3 cm。花蕾倒卵球状,花萼长 1.6～2.1 cm,顶端直径 1.5～2.2 cm,浅裂约 1/3,上方一萼裂片,先端圆钝,其余 4 片,先端较尖。花序梗、花梗和花萼外面均密被黄色短柔毛，开花期不易脱落；花冠漏斗钟状，紫色，不压扁，长 6. 5 ~ 8. 4(~ 10. 0) cm、喉部直径 3. 0 ~ 3. 6 cm，冠幅 5. 6 ~ 7. 5 cm，花冠筒内有不规则小紫斑；雄蕊长 2. 4 ~ 3. 8 cm；雌蕊长 4. 5 ~ 5. 5 cm。蒴果椭圆体状，顶部偏斜，长 4. 6 ~ 6. 5 cm，果皮厚约 2 mm，宿存萼片张开。种子长(连翅)6 ~ 7 mm。花期 4 月，果熟期 8 ~ 9 月。

1. 花序；2. 花冠和雄蕊；3. 果实形态和纵剖面；4. 种子；5. 叶。

图 6-16 建始泡桐 Paulownia jianshiensis Z. Y. Chen

(图片来源：陈志远. 泡桐属 1 新种)

本种模式：陈志远，1979 年 5 月 5 日。采集号：007(模式标本，存华中农业大学植物标本馆)。

分布：湖北鄂西自治州的建始县和恩施县。

7. 楸叶泡桐　山东泡桐、胶东桐、无籽桐、小叶桐、楸皮桐、麻杆桐、楸桐、楸叶桐、楸皮桐、密县裥、长葛桐　图 6-17

Paulownia catalpifolia T. Gong ex D. Y. Hong，植物分类学报，14(2)：41. 图版 3，图 1. 1976；*Paulownia fortunei* auct. non Seem.：Hemsl. in Journ. Linn. Soc. 26：180. 1890. p. p.；*Paulownia elongata* S. Y. Hu. A Monograph of the Genus Paulownia，Taiwan Museum，41. 1959. p. p.；Paulownia catalpifolia T. Gong ex D. Y. Hong，Novon 7：366. 1998；河南省革命委员会农林局，等. 泡桐图志：12 ~ 18. 图 1-5. 1975；中国林业科学研究院泡桐组等编著. 泡桐研究：

23~24. 图 2-5. 1982;蒋建平主编. 泡桐栽培学:32~33. 图 2-4. 1990;李芳东等著. 中国泡桐属种质资源图谱:18~19. 彩片 8 张. 2013;郑万钧主编. 中国树木志　第四卷:5090~5092. 图 2820. 2004;牛春山主编. 陕西树木志:1070~1071. 图 1058. 1990.

　　形态特征:落叶乔木,高达 20.0 m,胸径 1.0 m。树干端直;树皮幼时浅灰褐色,不裂,老时灰黑色,浅裂或深裂,有时甚粗糙,似楸树(Catalpa bungei C. A. Mey.)皮。树冠长卵球状或宽卵球状;侧枝角度小,常有明显的中心主干。小枝节间较短,幼时被白色或微黄色分枝柔毛,后渐脱落;幼枝绿褐色,老枝赤褐色;皮孔明显,圆形至长圆形,黄褐色,稍突起;叶痕近圆形;髓心较小。叶长卵圆形,叶片下垂,长 12.0~28.0 cm,宽 10.0~18.0 cm,边缘全缘,先端长渐尖或渐尖,基部心形,表面深绿色,初被毛,后几光滑,稍有光泽,背面密被白色或淡灰黄色毛,排列紧密。初生叶常为狭长卵圆形,长为宽的 2~3 倍,基部圆形;冠内叶及树冠下部的叶常较宽,为卵圆形或宽卵圆形,色亦较淡,边缘全缘或偶有裂;叶柄长 10.0~18.0 cm,初有毛,后尖脱落;苗期叶大,近圆形,有浅裂。花序圆筒状或狭圆锥状,长 10.0~30.0(~90.0)cm,下部分枝长 7.0~20.0(~40.0)cm,分枝角 45°左右;花序轴及分枝初有毛,后即脱落;聚伞花序梗长 8~20 mm,花梗长 10~27 mm,均密被黄色分枝短柔毛,毛易脱落;花蕾洋犁倒卵球状,长 14~18 mm,直径 8~10 mm,密被黄色分枝短柔毛;花萼狭倒圆锥-钟状,长 14~23 mm,基部尖,中部直径 8~10 mm,上部直径 10~15 mm,裂深达 1/3,上方一裂片较大,舌状,先端圆,下方两裂片狭三角形,先端尖,两侧裂片先端钝,萼外毛易脱落;花冠筒细长,管-漏斗状,长 7.0~9.5 cm,基部直径 4~5 mm,中部直径 12~16 mm,口部直径 20~28 mm,冠幅 40~48 mm,外部淡紫白色,被短柔毛,里面白色,无毛,全部密被小紫斑及紫线,下壁更显著,微显黄色条纹;雄蕊长 20~24 mm,花粉极少或缺;雌蕊长 40~43 mm,柱头较花药高 14~18 mm。蒴果细小,椭圆体状或稍呈卵-椭圆体状,长 3.5~6.0 cm,直径 1.8~2.4 cm,先端短尖,常微歪嘴;二瓣裂;果皮中厚,木质,成熟前被黄色短柔毛,后渐脱落;宿萼钟状。种子狭长圆形,长约 2 mm,连翅长 5~7 mm;翅白色,上端斜展,开张,下部不开张或稍开张。花期 4 月(郑州较别的种早),西部山区可延至 5 月下旬。果实 10 月成熟。一般很少结果,故称"花桐"。

　　本种模式:竺肇华,1973 年 5 月 8 日。采集号:7。

　　分布:楸叶泡桐多分布于河南省伏牛山以北及太行山区的浅山丘陵地带,东部平原较少,在山东胶东一带较多。我国北方地区均有栽培。

特性：楸叶泡桐喜光，深根性，较耐寒；在土壤深厚、湿润、排水良好的沙壤土上生长良好。较兰考泡桐耐瘠薄。

用途：楸叶泡桐为优良农桐间作树种。木质坚硬，色白，或微带淡紫，是群众喜用的优质桐材之一，为出口桐木中的上等材。在青岛口岸上所称的"山东桐"即指此种。

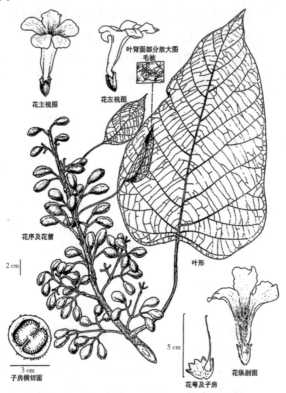

图 6-17　楸叶泡桐 Paulownia catalpifolia T. Gong ex D. Y. Hong
（图片来源：《泡桐图志》）

8. 垂果序泡桐　新种　图 6-18

Paulownia penduli-fructi-inflorescentia J. T. Chen, Y. M. Fan et T. B. Zhao, sp. nov.

Morphological characteristics: Deciduous trees. Leaves nearly round, margin with 3 to 5 triangular teeth. Numerous buds, opposite leaves on bud branches. fruiting sequence pendulous, mature fruiting sequence persistent. Fruit globose, apex cusp, extremely dense.

China：Beijing，2017-09-08. Y. M. Fan et J. T. Chen. No. 20170908-01
（holotype，HNAU）.

形态特征：落叶乔木。叶近圆形，边缘具 3~5 三角形齿。花蕾多，蕾序枝上有对生叶。果序下垂，成熟果序宿存。果实球状，先端突尖，极密。

分布：北京市区有栽培。2017 年 9 月 8 日。陈俊通和范永明，No. 20170908-01（叶与蕾序枝、果序）。模式标本，存河南农业大学。

1. 蕾序枝和叶，2. 蕾序枝和叶，3. 果实，4. 果实。

图 6-18　垂果序泡桐 Paulownia penduli-fructi-inflorescentia

J. T. Chen，Y. M. Fan et T. B. Zhao

9. 并叠序泡桐　新种　图 6-19

Paulownia seriati-superimposita Y. M. Fan, T. B. Zhao et D. L. Fu, sp. nov.

Species nov. Paulownia kawakamii Ito sinilis，sed foliis rotundi-cordatais supra costis et nervis lateralibus minute depressis dense pilis dendroformibus et pubiglandulis stellatopilosis dendroformibus-villosis subtus costis et nervis lateralibus dense pilis，dendroformibus puli-glandulis cyathiformi-vel acetabuliformi-glandubus margine integris vel rqjandis intefra saepe 5~9-angulatais non aeque sparse ciliatis vbel ciliatis ; petiolis densioribus glanduli-pilis, pilis ramosis, glandulis sparse pube-dendroformibus. Ramuli-inflorescentiis magnoformibus, saepe ramuli-inflorescentiis lateralibus grosis eis longitudine 2/3 primarii-ramuli-inflorescentibus, imprimis ramuli-inflorescentiis primariis saepe 2-cymis superimpositis ; pedunculis 5 ~ 18 mm longis ; 3 ~ 6-floribus rare 1 ~ 2 in cymis, pedicellis 6 ~ 20 mm longis supra medium grpssis curvatis dense flavo-brunneis dendroformibu-tomentosis. Alabastris extra dense flavo-brunnei dendroformi-omentosis. floribus magnis apice corollis 5-lobis, margine limbis dense breviter pilis dendroformibus rare glanduli-ciliatis, tubis et labellis extus sparse pilis glandulis et pilis dendroformibus, labellis intus pilis glandulis et pubescentibus dendrofomibus, labellisintus pilia glandulis et pilis todrofomibus, tubis intus glabris, striatis purpureis ; ante florentes purpureos, filamentis sparse glandulis et pubescentibusdendroformibus ; ovariis dense papillate glandulis, stylis papillate glandulis rare pilis dendroformibus. Calycibus fructibus extra pulis dendroformibus.

Hunan : Zhuzhou City. 1999-04-28. T. B. Zhao, No. 994282(Superimpositicyma, holotypus hie disignatus, HNAC).

本新种与齿叶泡桐(华东泡桐) Paulownia kawakamii Ito 近似,但区别为:叶心状圆形,表面主脉和侧脉微凹,两侧及脉上疏被腺毛、树枝状腺毛和树枝状毛、杯腺、密被腺点,背面沿主脉和侧脉密被树枝状毛、腺毛、腺点,其余处被树枝状长柔毛及杯腺或蝶腺,边缘全缘、波状全缘,常具 5 ~ 9 枚不等三角状裂片;叶柄被较密分枝毛、腺毛、腺点,疏被树枝状短柔毛。花序大型,通常侧花序枝长度达主花序枝的 2/3;主花序枝上通常由 2 枚聚年花序叠生,花序梗长 0.5 ~ 1.8 cm;聚年花序具花 3 ~ 6 朵,稀 1 ~ 2 朵花,花梗长 0.6 ~ 2.0 cm,上部膨大,弯曲,密被树枝状黄褐绣色绒毛。花蕾外面密被黄褐色树枝状毛。花大;花冠先端 5 裂,唇瓣边缘波状起伏具波状圆锯齿,并密被短柄状缘毛,稀腺缘毛;冠筒及唇瓣外面疏被腺毛、树枝状短柔毛,唇瓣内面被腺毛、树枝状短柔毛;冠筒内面无毛,腹部微具紫色点或间断紫色线,纵褶浅黄色;花开前紫色,花丝疏被腺毛、树枝状短柔毛;子房密被乳头状腺,花柱疏被乳头状腺,稀有树枝状短柔毛。蒴果长椭圆体状,黄锈色,长 5.0 ~ 7.0 cm,径 3.0 ~ 4.0 cm,背面具纵沟,先端喙长 1.0 cm;果萼外面被黄褐色树枝状毛。

湖南:株洲市。1999 年 4 月 28 日。赵天榜和傅大立,No. 994282。模式标本,存河南农业大学。

图 6-19　并叠序泡桐 Paulownia seriati-superimposita Y. M. Fan et T. B. Zhao

9.1　亚种

9.1.1　并叠序泡桐　原亚种

Paulownia seriati-superimposita Y. M. Fan et T. B. Zhao subsp. seriati-superimpo-siticyma.

9.1.2　多腺毛并叠芽泡桐　新亚种

Paulownia seriati-superimposita Y. M. Fan et T. B. Zhao subsp. multi-gladi-pila Y. M. Fan et T. B. Zhao, subsp. nov.

Subspecies nov. Paulownia tomentosa Steud. sinilis, sed ramulis juvenilibus viridibus, dense pilosis glandulis rare pilis ramlis. foliis margine integris, minute repadis et 5~7-deltoidei-dentatis, villosis glanduliferis, pubescentibus glandulis, villosis ramulis pilosis et stellato-pilosis; longe villosis glanduliferis ramulis et villosis ramulis pilosis in petiolis. inflorescentiis plerumque cymis magni-cylindfici, 0.5~1.8 cm longi. ramis inflorescentiis parvis plerumque inflorescentiis. 3~6-floribus rare 1~2-floribus in cymis parvis; lobis calycibus 1/2, floribus in florentibus labellis superne protentis, marginstibus repandis dilute purpurascentibus; inferne labellis albis, recurvis marginalibus cilliatis ramunculis, cilliatis glandibus, ventralibus plerumque stictis nulli-purpuascentibus et stictis nulli-purpuascentibus interceptis.

discoideis calycibus fructibus 5-lobis, planis; stylis 2. 0 ~ 2. 4 cm longis. capsulis globosis, globi-ovoideis 1. 8~2. 2 cm longis, diam. 1. 2~1. 7 cm.

Hunan: Zhuzhou City. 1999-04-28. T. B. Zhao, No. 9942855(holotypus hic disignatus HANC).

本新亚种与并叠序泡桐原亚种 Paulownia seriati-superimposita Y. M. Fan et T. B. Zhao subsp. seriati-superimpositicyma 近似,但区别为:幼枝绿色,密被腺毛,罕枝状毛。叶全缘、微波状全缘及 5~7 枚角齿,被长腺毛、短腺毛、树枝状长柔毛、柔毛、星状毛;叶柄被树枝状长腺毛、腺点,疏被树枝状长柔毛。花序通常为大型圆柱状聚伞花序,长 20.5~41.8 cm。花序枝上通常具多枚聚伞花序。聚伞花序具花 3~6 朵,稀 1~2 朵;花萼裂片深达 1/2,花时花上面唇瓣外伸,边部起伏,微有淡紫色晕;下面唇瓣白色,外弯,边缘具树枝状缘毛、腺缘毛,腹部通常无紫色斑点及间断紫色斑点。果萼盘状,5 片裂,平展;花柱长 2.0~2.4 cm。蒴果球状、卵球状,长 1.8~2.2 cm,径 1.2~1.7 cm。

湖南:株洲市。1999 年 4 月 28 日。赵天榜,No. 994285。模式标本,存河南农业大学。

10. 兴山泡桐　　兴山桐

Paulownia recurva Rehd. in WILSON EXPEDITION TO CHINA: 577 ~ 578. 1913;陈嵘著. 中国树木分类学: 1107~1108. 1937.

形态特征:落叶乔木,高约 12. 0 m。嫩枝疏生茸毛,老枝无毛。叶卵圆形,膜质,先端渐尖,基部圆形或楔形,长约 10. 0 cm,宽约 6. 0 cm,表面有短毛与腺斑混生,背面有较长茸毛。花序枝圆锥状,较短,长约 20. 0 cm,无毛;侧花序枝圆锥状,其余侧花序枝为聚伞花序状。聚伞花序具花 5 朵,稀 1 朵;花梗长 1. 5~2. 0 cm,先端有茸毛;萼片卵圆形,先端圆而向外反曲,表面平滑、近无毛或疏生茸毛,内面密被茸毛;花冠淡紫色,长约 5. 0 cm,基部稍狭窄而微弯曲,表面有短毛。花冠唇部裂片为圆形,内面被短毛;子房卵球状,密被腺斑;花柱基部被腺斑。

本种模式:湖北。Hsing-shan Hsien, 1907 年 5 月 1 日。E. H. Wilson, # 769。

分布:兴山泡桐在湖北等有分布。

说明:兴山泡桐花序枝圆锥状,长约 20. 0 cm 左右;花梗先端有茸毛;萼片先端圆而向外反曲,表面平滑、近无毛,内部密生绒毛;子房卵球状,密被腺斑;花柱基部被腺斑。根据作者提出的泡桐属植物种的标准,兴山泡桐不应废除。

11. 米氏泡桐　图 6-20

Paulownia mikado Ito, Journ. Hort. Soc. Jap. XXIII. 1 :5. 1912;中国林业科学研究院泡桐组等编著. 泡桐研究:28~30. 1982。

形态特征:乔木。叶卵-心形,边缘波状全缘。花冠钟漏斗状。花紫色;花筒内无大块的紫斑,上下唇有细紫点组成的线;萼片外黄褐色毛不脱落。

分布:台湾省有分布。

说明:根据作者提出的泡桐属植物种的标准,米氏泡桐不应废除。

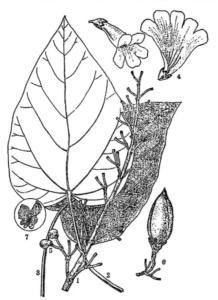

图 6-20　米氏泡桐 Paulownia mikado Ito

(图片来源:《泡桐研究》)

12. 光桐　图 6-21

Paulownia glabrata 生 Rehd. in Sarg. Pl. Wils. 1(3) :575. 1913;陈嵘著. 中国树木分类学. 1109. 1937 ;河南省革命委员会农林局,等. 泡桐图志:40~46. 图 1~5. 1975;李顺卿著. 中国森林植物学:937~938.

形态特征:落叶乔木。小枝灰白-黄灰色, 无毛。叶卵圆形,狭三角-卵圆形,薄革质,长 15.0~18.0 cm,宽 11.0~12.0 m,先端长渐尖,基部截形,表面亮绿色、无毛,除主脉和侧脉外疏被柔毛,背面几无毛,很少星状毛;叶柄无毛或先端向下被短柔毛,长 4.0~9.0 cm。花不详。花序枝无毛;聚伞花序具花 2~3(~4)朵,花序梗部分长约 1.0 cm,无毛;花梗长 1.5~2.0 cm,被黄褐色茸毛;萼外面密被黄褐色茸毛;萼片长倒卵圆形,先端钝。果序圆锥状,长约20.0 cm。果实卵球状,长3.0 cm,被黄褐色茸毛,先端收缩呈喙状。

本种模式:陕西太白山,W. Purdom.,1910 年 1 月 1 日。# 1044。

分布:陕西。

图 6-21　光桐 Paulownia glabrata Rehd.

(图片来源:中国数字植物标本馆)

13. 南方泡桐　图 6-22

Paulownia australis Gong Tong,植物分类学报,14(2):43. 图 3. 1976;中国林业科学研究院泡桐组等编著. 泡桐研究:23~24. 图 2-5. 1982;中国科学院中国植物志编辑委员会. 中国植物志　第 67 卷 第二分册:44. 图 16. 1979;郑万钧主编. 中国树木志　第四卷:5095. 图 2823. 2004.

形态特征:落叶乔木;树冠伞状。叶卵-心形,基部心形,先端渐尖,边缘全缘,背面密被树枝状毛和黏质腺毛。花序枝宽大,长 40.0~80.0 cm,花序分枝长超过中央主枝 1/2;聚伞花序梗短;花梗极短。花萼裂片达 1/3~2/5。花冠紫色,腹部稍白色,有明显 2 条纵褶。果实椭圆体状,幼果被星状毛。

产地:浙江、福建、江西、广东、湖南、四川均有分布与栽培。

注:Gong Tong 认为,南方泡桐介于台湾泡桐 Paulownia kawakamii Ito 和白花泡桐 Paulowniafortunei (Seem.) Hemsl. 之间;《生物学文摘》于 60(11):6315. 1975 中也有本种介于台湾泡桐与白花泡桐之间记载。

1. 花序枝,2. 叶,3. 花的正面,4. 花的侧面,5. 果实,6. 种子,7. 毛。

图6-22 南方泡桐 Paulownia australis Gong Tong

(图片来源:《泡桐研究》)

14. 陕西泡桐

Paulownia shensiensis Pai in Contr. Inst. Bot. Nat. Acad. Peiping 3(1): 60. 1935;崔友文编著. 华北经济植物志:430. 1953.

形态特征:落叶乔木,高达 15.0 m;树干皮灰褐色,平滑。小枝被短柔毛;幼枝密被短柔毛。叶卵圆形至卵-长圆形,长 11.0~29.0 cm,基部心形,先端尖,边缘全缘,有时 3~5 裂,表面疏被长柔毛及腺体,沿脉更密,背面被星状毛和腺体;叶柄长 3.0~13.0 cm,被短柔毛。圆锥花序长 16.0~28.0 cm,总梗被黄茸毛;聚伞花序具 2~5 朵;花梗及萼两面均被黄茸毛。花冠淡紫色,外面被腺毛。果实卵球状,长约 3.0 cm,先端尖。

本种模式:?

产地:陕西秦岭之南五台山。

15. 总状花序泡桐

Paulownia racemosa Hemsl. ;李顺卿著. 中国森林植物学:938. 1935.

形态特征:乔木高达 35 英尺(10.67 m);胸径 4 英尺(1.22 m)。小枝灰褐色和皮孔无毛。叶卵圆形,先端急头,基部圆形,边缘全缘,背面被茸毛;

叶柄长 5.0~8.0 cm,扁平,被短柔毛。花大,紫罗蓝-紫色。花序为大型总状-圆锥花序。萼 5 裂,背面被短柔毛,裂片卵圆形、钝形;萼筒漏斗状,裂片宽卵圆形,不等,长达 5.0 cm,厚 2.0 cm,侧面被茸毛。

本种模式:?

产地:湖北。

16. 西氏泡桐

Paulownia silvestrii Pamp.;李顺卿著. 中国森林植物学:940~941.1935。

形态特征:乔木。小枝密被丝状褐色短柔毛和褐色皮孔。叶倒长卵圆形,长 5.0~8.0 cm,宽 4.0~5.0 cm,先端短尖,基部圆形或截形,边缘全缘,表面深绿色,被深蓝色短柔毛,背面密被灰白色棉毛;叶柄长 4.0~6.0 cm,圆柱状,被茸毛。花序为小型总状花序。萼筒长短不等,5 裂,背面密被棉毛,裂片卵圆形至长卵圆形,先端急尖,长约 1.0 cm,宽 2~4 mm。

本种模式:?

产地:湖北。

17. 江西泡桐

Paulownia rehderiana Hand. Mazz. in Anzeig. Akad. Wiss. Wien. Math. - Naturw. Kl. 58:153. 1921;李顺卿著. 中国森林植物学:940. 1935.

形态特征:叶边缘全缘,基部圆形或心形。聚伞花序梗长 1.0~4.0 cm。陈志远认为,它可能是齿叶泡桐 Paulownia kawakamii Ito 与毛泡桐 Paulownia tomentosa(Thunb.)Steud.。见陈志远."泡桐属(Paulownia)分类管见"一文。

存疑种。

17.1　广西泡桐

Paulownia viscosa Hand. -Mazz. in Sinensis 5:7. 1934

形态特征:叶、叶柄、花和幼果均密被黏腺毛,宿存萼反折。

本种模式:R. C. Ching,1928 年 6 月 13 日。#5951。

分布:广西。

说明:本种资料不全,尚在进一步研究。

17.2　长阳泡桐

Paulownia changyangensis ?

形态特征:

本种模式:

分布:湖北。

说明:本种资料不全,尚在进一步研究。

（三）杂种泡桐组　新组

Paulownia Sieb. & Zucc. sect. hybrida Y. M. Fan et T. B. Zhao, sect. nov.

Morphological characteristics: Deciduous trees. Other morphological features are similar to the two parents, but three or more morphological features are distinguished from the two parental morphological features.

Sect. type: Paulownia × henanensis C. Y. Zhang et Y. H. Zhao。

形态特征:落叶乔木。其他形态特征与两亲本相似,但有 3 个或 3 个以上形态特征显著与两亲本形态特征相区别。

本组植物主要是指泡桐亚属内种与种之间的杂交种或天然杂交种。根据《国际植物命名法规》中有关规定,将泡桐亚属内种与种之间的杂交种或天然杂交种新建杂种泡桐组。该组有 4 种。

1. 圆冠泡桐　杂交种　图 6-23

Paulownia × henanensis C. Y. Zhang et Y. H. Zhao,张存义、赵裕后. 泡桐属一新天然杂交种——圆冠泡桐,植物分类学报,33 (5): 503~505. 1995.

形态特征:落叶乔木;树冠近球状;主干直;树皮灰褐色,幼时绿色,有规则浅裂。叶心形或近圆形,长 17.0~28.0 cm,宽 15.0~24.0 cm,基部心形,先端急尖,边缘全缘,背面被树枝状毛;叶柄长 8.0~16.0 cm。花序窄圆锥状,长 15.0~35.0 cm;聚伞花序梗长 8~15 mm;花梗长 1.3~1.8 cm。花蕾椭圆体状,均匀而小。花萼筒倒圆锥钟状,长 1.8~1.9 cm,浅裂。花较大,花冠紫色,管状漏斗形,长 6.5~7.8 cm,腹部有明显纵褶,内面黄色,无毛,有清晰的小紫斑点组成窄带 12~13 条,背部黄色,

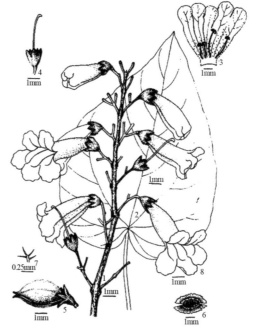

图 6-23　圆冠泡桐 Paulownia chengtuensis
C. Y. Zhang et Y. H. Zhao

（图片来源:《泡桐属一新天然杂交种——圆冠泡桐》）

无斑点。果实很少,椭圆体状,长 4.5~5.5 cm,径 2.5~3.0 cm,先端喙长 3~4 mm。

产地:河南,内黄县。本杂交种系楸叶泡桐 Paulownia catalpifolia T. Gong ex D. Y. Hong 和毛泡桐 Paulownia tomentosa(Thunb.)Steud. 的天然杂交种。1992 04 20,C. Y. Zhang(张存义) 9204(flower)(holotype,P E);from the same individual,1991-10-15,C. Y. Zhang 9210(fruit)(PE)。

2. 豫杂一号泡桐　杂交种

Paulownia × yuza 1(J. P. Jiang et R. X. Li)Y. M. Fan,sp. comb. nov.,豫杂一号泡桐是《河南省泡桐杂种优势利用协作组》利用毛泡桐 Paulownia tomentosa(Thunb.)Steud. 与白花泡桐 Paulownia fortunei(Seem.)Hemsl. 杂交从中选育出来的优良杂交种,见"豫杂一号泡桐的选育与推广";河南农林科技,(4):21~24. 1981;蒋建平、李荣幸等. 豫选一号与豫杂一号泡桐的选育与推广. 河南农学院学报,3:1~9. 1980.

Subspecies × nov. coma ovoidei;rami-grossi, sparsi, rami-angulosis aliquantum parvi;corticibus cinero-brunneis ad pallide brunneis,fulvidis in juvenilibus. Folia ovati vel late ovati virides vel viridulis,bifrontes dense pilis glandulosis. Inflorescentiis cylindratis vel anguste conoideis;pedunculis et pedicellis sublongis. calycibus obovatis,lobis breviter . calycibus 2/5~1/2. flos magnus purpureis vel purpurascentibus,intus minute punctia vel fili-purpureis. Fructus ovoidei.

Henan:Various cities and counties are widely cultivated. Breeders:Jiang Jianping,Li Rongxing,etc.

本杂交种树冠卵球状;侧枝粗壮,较疏,枝角稍小;树皮褐色至淡褐色,幼时黄褐色。树冠卵球状;侧枝粗壮,枝角较小。叶卵圆形或宽卵圆形,绿色,或淡绿色,幼叶两面密被腺状毛。花序枝圆筒状或狭圆锥状;聚伞花序梗与花梗近等长。花蕾倒卵球状;萼裂片长为萼筒的 2/5~1/2。花较大,紫色或淡紫色,内面有小紫斑或紫线。果实卵球状。

产地:河南。各市、县广泛栽培。选育者:蒋建平、李荣幸等。豫杂一号泡桐系"毛泡桐×长沙白花(泡桐)",编号 740019。豫杂一号泡桐获 1980 年河南省重大科技成果奖三等奖。

3. 豫选一号泡桐　白花一号　杂交种

Paulownia × yuxuan-1(J. P. Jiang et R. X. Li)Y. M. Fan,sp. comb. nov.,豫选一号泡桐是《河南省泡桐杂种优势利用协作组》从白花泡桐 Paulownia fortunei(Seem.)Hemsl. 实生苗中选出来的天然杂种;蒋建平、李荣幸等.

豫选一号与豫杂一号泡桐的选育与推广. 河南农学院学报,3:1~9. 1980.

The bark of this hybrid is brown to pale brown, yellowish brown oryellowish brown when young. The crown has a long ovoid shape with a narrow crown; the lateral branches are short and the branch angle is small. Leaves ovate-oblong, dark green, glossy. Inflorescence cylindric or narrowly conical; Cymes peduncle nearly as long as pedicel. The flower buds obovate; calyx lobes 1/3 of calyx tube. Corolla bell-like funnelform, purple, purple, with small purple spots on the inner surface, 4.0 to 5.0 cm long, 2.5 to 3.0 cm in diameter. The fruit is ovoid.

Henan: Various cities and counties are widely cultivated. Breeders: Jiang Jianping, Li Rongxing, etc.

本杂交种树皮褐色至淡褐色,幼时黄褐色或淡黄褐色。树冠长卵球状,冠幅较窄;侧枝细短,枝角较小。叶长卵圆形,浓绿色,具光泽。花序圆筒状或狭圆锥状;聚伞花序梗与花梗近等长。花蕾倒卵球状;萼裂片长的为萼筒的1/3。花冠钟状漏斗状,紫色,内面密有小紫斑,长 4.0~5.0 cm,径 2.5~3.0 cm。果实卵球状。

产地:河南。各市、县广泛栽培。选育者:蒋建平、李荣幸。豫选一号泡桐系从白花泡桐的天然杂种苗中出,编号 772401-1。豫杂一号泡桐获 1980 年河南省重大科技成果奖三等奖。

4. 豫林一号泡桐　杂交种

Paulownia × yulin-1(J. P. Jiang et R. X. Li) Y. M. Fan, sp. comb. nov., 豫杂一号泡桐是《河南省泡桐杂种优势利用协作组》采用白花泡桐一年生实生苗群体根系进行繁育,筛选出的优良植株无性系,但分析其形态及生长环境,认为其是白花泡桐 Paulownia fortunei(Seem.) Hemsl. 与毛泡桐 Paulownia tomentosa(Thunb.)Steud. 的天然杂交种,见"泡桐新品种豫林一号",河南农林科技,(4):26~27. 1980.

Leaves of this hybrid are broadly ovate, abaxially covered with short petiole dendritic hairs; Corolla lavender, 6~7 cm long, abaxially pleated in the abdomen and thin purple spots arranged vertically and horizontally; fruit long ellipsoid, 4~5 cm long, Middle thick 2.2~2.4 cm, fruit scale hypertrophy, crack depth 2/5~1/3.

本杂交种叶宽卵圆形,背面被短柄树枝状毛;花冠淡紫色,长 6.0~7.0 cm,腹部具明显褶皱,内部有纵横排列的细紫斑点;果实长椭圆体状,长 4.0~5.0 cm,径 2.2~2.4 cm,果萼肥大,裂深 2/5~1/3。

产地:河南。各市、县广泛栽培。选育者:蒋建平、李荣幸。

二、齿叶泡桐亚属　新组合亚属

Paulownia Sieb. & Zucc. subgen. Kawakamii(S. Y. Hu)Y. M. Fan et T. B. Zhao, subgen. comb. nov. ; *Paulownia* Sieb. & Zucc. sect. *Kawakamii* S. Y. Hu, Quart. Journ. Taiw. Mus. 12: no. 1 & 2. 44. 1959.

形态特征:Deciduous trees. The leaves are nearly round, with jagged teeth and 3 to 5 angles, and the heart is heart-shaped. Inflorescence branches broad, broadly conical, inflorescence branches very short or absent. Inflorescences inflorescences on upper branches of small leaves up to the top; buds small, triangular, densely covered with yellow hairs, not easy to fall off. Flowers are small, dark purple to blue-purple. fruits are small and fruits are numerous.

Subgen. type:Paulownia kawakamii Ito。

Subgen. :2 sp. ——Paulownia kawakamii Ito、Paulownia duclouxii Dode。

Prodiens:Hunan、Taiwania et al. 。

形态特征:落叶乔木。叶近圆形,边缘具细锯齿和3~5三角形齿,并密被缘毛、长腺毛,稀星状毛和长柔毛,偶有长柄状枝状长柔毛,基部心形。叶和叶柄与花序枝疏被腺瘤、杯状腺瘤和蝶状腺瘤。花序枝宽圆锥状,蕾序或花序枝极短或无。花期花序枝上有小叶片一直到顶端。花蕾小,三棱状,密被黄茸毛,不易脱落。花深紫色至蓝紫色;唇瓣和花筒外面密被微细短柔毛、枝状腺柔毛,稀枝状毛。果实小而多。

本亚属模式:齿叶泡桐 Paulownia kawakamii Ito。

本亚属植物:2 种——齿叶泡桐、紫桐 Paulownia duclouxii Dode。

分布:齿叶泡桐在湖南、台湾等省均有分布与栽培。

说明:2016 年,作者调查时,发现齿叶泡桐 Paulownia kawakamii Ito 叶边缘有明显锯齿(见图 6-24),并查阅《台湾植物图说》(见图 6-25)证实了这一性状是稳定存在的,且这一性状明显区别于其他泡桐,对比其与傅大立发表的齿叶泡桐 *Paulownia serrata* D. L. Fu et T. B. Zhao 形态特征差异极小,建议将此两种合并,并成立齿叶泡桐亚属 Paulownia Sieb. & Zucc. subgen. Kawakamii (S. Y. Hu)Y. M. Fan et T. B. Zhao,subgen. comb. nov. 。

图 6-24　齿叶泡桐(华东泡桐)
Paulownia kawakamii Ito
叶边缘细锯齿

图 6-25　齿叶泡桐(华东泡桐)
Paulownia kawakamii Ito
(图片来源:《台湾植物图说》)

　　1. 齿叶泡桐　华东泡桐、南方泡桐、海岛泡桐、白桐、糯米泡桐、铁泡桐、黄毛泡桐、黏毛泡桐、台湾泡桐、广西泡桐　图 6-24　图 6-25　图 6-26

　　Paulownia kawakamii T. Ito,Icon. Pl. Japon. 1(4):1. pl. 15-16. 1912;S. Y. Hu. A Monograph of the Genus Paulownia,Taiwan Museum. 44. 1959;*Paulownia viscosa* Hand. −Mazz. in Sinensia 5:7. 1934;*Paulownia serrata* D. L. Fu et T. B. Zhao,Nature and Science,1(1):37~38. Plate 1. 2003;陈嵘著. 中国树木分类学. 1108. 第九九八图. 1109. 1937;云南省植物研究所. 云南植物志 第二卷:699. 图版 195,8~10. 1979 ;河南省革命委员会农林局,等. 泡桐图志:53~58. 图 1~5. 1975;龚彤. 发表中国泡桐属植物的研究. 植物分类学报,1976,14(2):44~45. 图 5;中国植物志编辑委员会. 中国植物志　第 67 卷　第二册:39. 41. 图 14. 1979;*Paulownia thyrsoidea* Rehd. in Sarg. Pl. Wils. 1:576~577. 1913;朝鲜泡桐 *Paulownia coreana* Uyeki ;伊藤武夫著. 台灣樹木圖鑑 正卷:30. 图.　昭和 51 年;浙江植物志编辑委员会. 卷主编. 郑朝宗. 浙江植物志 第六卷:5~6. (图 6-4). 1993;蒋建平主编. 泡桐栽培学:41~42. 图 2-10. 1990;*Paulownia rehderiana* Hand. −Mazz. in Anzeig. Akad. Wiss. Wien. Math. −Naturw. Kl. 58:153. 1921;郑万钧主编. 中国树木志　第四卷:5095~5096. 图 2824. 2004;李顺卿著. 中国森林植物学:940.1935.

　　形态特征:落叶乔木,高 7.0 m;侧枝强壮. 幼枝被长柔毛;1 年生枝无毛,灰褐色,具皮孔. 叶膜质,宽卵圆形、近圆形,薄纸质,长 9~10(~16) cm,宽 7~9(~14) cm,暗绿色,边缘有锯齿和 3~5 角齿,先端渐尖,基部浅心形或截形或有时基部圆形,在叶柄处突然变长楔形,边缘具深波状齿牙或深裂,裂片宽而很短尖;幼叶表面被密被腺点,中间有透明长柔毛,后近无毛,背面几乎无腺点,有透明短柔毛,稀有散生呈簇或在中间枝状毛,沿脉密被长柔毛,边缘有透明缘毛;叶柄长 3.0~12.0 cm,初被硬而粗、透明的枝状柔毛,后近无毛。花序枝大,长 20.0~30.0 cm,圆锥状,下面宽 10.0~18.0 cm,且具小型叶片;聚伞圆锥花序枝无毛或近无毛、枝状毛;侧生聚伞花序短、下垂或几无柄,具花 2~3 朵,稀 1 朵;花梗密被黄色绒毛,长 6~0 mm。聚伞花序梗近无毛,有时极长;花蕾小,三棱状,密被黄绒毛,不易脱落。萼陀螺–钟状,外面密被黄色绒毛,有时仅沿边缘有茸毛,否则无毛或近无毛,长 12~14 mm,具三角狭倒长卵圆形裂片,长 6~9 mm,宽 3.5~5 mm,略尖;花小,花冠钟状,外面被短柔毛和

1~3.叶;4.花序;5.花蕾;6.花序枝;7.蒴果。

图 6-26　齿叶泡桐

(图片来源:傅大立.《A new species of Paulownia from China》)

具柄腺体,深紫色至蓝紫色,瓣片二唇形开展,径约 4.0 cm,管筒长约 3.0 cm,径 1.0 cm,上面基部稍弯、内面变狭、无毛,裂片圆形,宽 1.5 cm,内面上部具短缘毛;雄蕊短,为管筒的一半长,无毛;花药长 2 mm;花柱无毛,基部具少数腺体;雄蕊短,管筒较长,柱头棒状,稍厚;子房具小腺体。蒴果小而多,卵球状,两侧微扁,长 2.5 cm,宽 1.4 cm。

本种模式:台湾。Paulownia kawakamii Ito,Mori 3419 Ranrun-sya,Nantot.

分布:本种分布于中国长江流域以南各地及台湾有栽培和野生。本种模式,采用台湾省。

作者将齿叶泡桐 Paulownia kawakamii Ito 形态特征与傅大立发表的齿叶泡桐 *Paulownia serrata* D. L. Fu et T. B. Zhao 特征进行对比后,发现 2 种泡桐形态特征相差极小。根据试验调查结果中对齿叶泡桐(华东泡桐)形态特征的记录并对比《中国高等植物图像库》《台湾植物图说》的记载,证实齿叶泡桐(华东泡桐)叶缘有明显细锯齿。故在此将齿叶泡桐与华东泡桐予以合并。

1.1　变　种

1.1.1　齿叶泡桐　原变种

Paulownia kawakamii T. Ito var. kawakamii

1.1.2　双色叶齿泡桐　新变种

Paulownia kawakamii T. Ito var. bicolor Y. M. Fan et T. B. Zhao,var. nov. A var. nov. foliis ovatis longe deltoideis,10. 0～16. 0 cm longis,6. 5～10. 0 cm latis,margine crenatis,breviter ciliatis,apice acuminatis longis,basi cordatis.

Hunan:Zhuzhou City. 1999-05-01. D. L. Fu,No. No. 995011. HNAC.

本新变种叶长三角-卵圆形,长 10.0～16.0 cm,宽 6.5～10.0 cm,边缘圆钝锯齿,具被短缘毛,先端长渐尖,基部心形,表面深绿色,无毛,背面疏被星状毛;叶柄长 10.0～12.0 cm。花浅紫色及粉红色 2 种。

本新变种模式:1999 年 5 月 1 日。傅大立,No. 995011。模式标本,存河南农业大学。

分布:湖南。株洲市。

1.1.3　短序梗齿叶泡桐　新变种

Paulownia kawakamii T. Ito var. brevipeduncula Y. M. Fan et T. B. Zhao,var. nov. A var. nov. pedicellis cymis 2～4 mm longis,dense pubescentibus. pedicellis 0. 5～1. 0 cm longis,dense pubescentibus.

Hunan:Zhuzhou City. 1999-05-04. D. L. Fu,No. No. 995049. HNAC.

本新变种聚伞花序梗极短,长 2～4 mm,密被短柔毛。花梗长 0.5～1.0

cm,密被短柔毛。

本新变种模式:1999 年 5 月 4 日。傅大立,No. 9905049。模式标本,存河南农业大学。

分布:湖南。株洲市。

1.1.4 小果齿叶泡桐 新变种 图 6-27

Paulownia kawakamii T. Ito var. parvicapsula Y. M. Fan et T. B. Zhao, var. nov. A var. nov. capsulis ovoideis, minimis 1. 5 ~ 2. 2 cm longis, atribrunneis glabris. calycibus capsulis 5-lobis, lobis deltoideis.

Hunan:Zhuzhou City. 1999-07-19. D. L. Fu, No. 9907199. HNAC.

本新变种蒴果卵球状,很小,长 1. 5 ~ 2. 2 cm,黑褐色,无毛。果萼 5 裂,裂片三角形。

本新变种模式:1999 年 7 月 19 日。傅大立,No. 997199。模式标本,存河南农业大学。

分布:湖南,株洲市。

图 6-27 小果齿叶泡桐
Paulownia kawakamii T. Ito var. parvicapsula Y. M. Fan,T. B. Zhao et D. L. Fu

1.1.5 亮叶齿叶泡桐 新变种

Paulownia kawakamii T. Ito var. glabra Y. M. Fan et . B. Zhao, var. nov.

A var. nov. foliis deltoideis longis, 10. 5 ~ 20. 0 cm longis, 9. 5 ~ 20. 0 cm latis, supra et subtus glabris, apice acuminatis longis basi cordatis margine sparse crenatis; petiolis 8. 9 ~ 18. 0 cm longis, sparse pubescentibus.

Hunan:Zhuzhou City. 1999-07-16. D. L. Fu, No. 9907164. HNAC.

本新变种叶长三角形,长 10. 5 ~ 20. 0 cm,宽 9. 5 ~ 20. 0 cm,两面无毛,先端长渐尖,基部心形,边缘具疏圆钝锯齿;叶柄长 8. 9 ~ 18. 0 cm,疏被短柔毛。

本新变种模式:1999 年 7 月 16 日。傅大立,No. 9907164。模式标本,存河南农业大学。

分布:湖南,株洲市。

1.1.6　大果齿叶泡桐　新变种　图6-28

Paulownia kawakamii T. Ito var. magnicasula Y. M. Fan et T. B. Zhao, var. nov. A var. nov. foliis deltoideis longis, 10. 5~20. 0 cm longis, 9. 5~20. 0 cm latis, supra et subtus glabris, apice acuminatis longis basi cordatis margine sparse crenatis; petiolis 8. 9~18. 0 cm longis, sparse pubescentibus.

Hunan; Zhuzhou City. 1999-07-16. D. L. Fu, No. 9907164. HNAC.

本新变种长三角形,长10.5~20.0 cm,宽9.5~20.0 cm,两面无毛,先端长渐尖,基部心形,边缘具疏圆钝锯齿;叶柄长8.9~18.0 cm,疏被短柔毛。

本新变种模式:1999年7月16日。傅大立,No.9907164。模式标本,存河南农业大学。

分布:湖南,株洲市。

图6-28　大果齿叶泡桐
Paulownia kawakamii T. Ito var. magnicasula Y. M. Fan et T. B. Zhao

1.2　变型

1.2.1　齿叶泡桐　原变型

Paulownia kawakamii Ito var. kawakamii

1.2.2　白花齿叶泡桐　白花华东泡桐　变型

Paulownia kawakamii Ito f. alba?

本变型花白色。

分布:本变型分布于台湾、湖北、湖南和福建。

2. 紫桐　紫花泡桐、冈桐、桐　图6-29

Paulownia duclouxii Dode in Bull. Dela Societe Dendr. France 8; 162. 1908;陈嵘著. 中国树木分类学. 1106. 第九九五图. 1937;云南省植物研究所. 云南植物志 第二卷:699~701. 1979;李顺卿著. 中国森林植物学;

935. 1935.

　　形态特征:落叶乔木,高达 12.0 m。叶卵圆形,薄革质,长约 25.0 cm、宽约 18.0 m,先端急尖,基部深心形,两侧有波状弯入,表面光滑、无毛,背面密被星状细柔毛,边缘全缘或有锯齿。聚伞花序枝圆柱状;聚伞花序对生,通常具花蕾 1 枚(或花 1 朵)。花紫色(《云南植物志》:花白色,无斑点);花冠筒钟漏斗状,长约 8.0 cm,外面疏被极细星状毛;花冠裂片 5 枚,半圆形,长约 2.0 cm,无其他斑点,向基部狭窄;花萼钟状,裂片 5 枚,三角形,先端较尖,萼齿边缘及萼片外密被污黄色棉毛或绒毛;花梗被黄色绒毛。果实卵球状,先端钝圆,中部以下渐细。

图 6-29　紫桐 Paulownia duclouxii Dode

(图片来源:《中国数字植物标本馆》)

本种模式:本种模式采集于云南大关的成凤山。紫桐 Paulownia duclouxii Dode,J. Hers,1907 年 4 月。采集号:1136。

分布:紫桐在河南、湖北、四川、云南、浙江等有栽培。

说明:根据作者提出的泡桐属植物种的标准,紫桐不应废除。

亚种:

2.1　紫桐　桐　原亚种

Paulownia duclouxii Dode subsp. duclouxii

2.2　长柄紫桐　新亚种　图 6-30

Paulownia duclouxii Dode subsp. longipetiola T. B. Zhao et Y. M. Fan, subsp. nov. Subsp. nov. foliis ovatis vel late ovatis, 16.0 ~ 20.0 cm longis, 11.5 ~ 27.0 cm latis, apice acuminatis basi cordatis margine crenulatis, repandis vel partim integris, subtus sparse stellatihairibus; petiolis 16.0 ~ 18.0 cm longis. thyrsis magniformis; ramificatiinibus inflorescentiis simplicibus et ramificatiinibus medianis cylindricis non ramificantibus; 1 ~ 3-floribus in thyrsis; pedicellis dense to-mentosis lutei-brunneis.

Hunan:Zhuzhou City. 1999-07-19. T. B. Zhao et D. L. Fu,No.997191. HNAC.

本新亚种叶长卵圆形,或宽卵圆形,长 16.0~20.0 cm,宽 11.5~27.0 cm, 先端渐尖,基部心形,边缘具细圆小齿、波状齿,或局部全缘,背面疏被星状毛; 叶柄长 16.0~18.0 cm。聚伞圆锥花序枝大型;花序分枝与中央分枝呈圆柱 状,无分枝;聚伞圆锥花序具花 1~3 朵;花梗密被黄色茸毛。

图 6-30　长柄紫桐

Paulownia duclouxii Dode subsp. longipetiola T. B. Zhao et Y. M. Fan

本新亚种模式：赵天榜和傅大立，No. 997191。模式标本，存河南农业大学。

分布：本变型分布于台湾、湖北、湖南和福建。

3. 广东泡桐

Paulownia longifolia Hand. –Mazz. in Symb. Sin. 7：832. 1936. nom. nud. ；方文培主编. 峨眉植物图志　第二卷　第一分册：1940？ 1945。

形态特征：落叶乔木。幼枝被长柔毛；1 年生枝黄褐色，密被腺毛、星状毛，具皮孔。叶长三角形，稀近圆形，纸质，长(7.0～)15.0～20.0 cm，宽 8.0～11.5 cm，表面深绿色，通常无毛，背面浅黄绿色，疏被短毛、星状毛，边缘具钝锯齿，稀三角形小齿 2～3 枚，具很少腺毛、星状毛，先端长渐尖，基部心形；叶柄长 8.5～14.5 cm，密被枝状柔毛、柔毛及腺毛。花序短小，无花序分枝；聚伞花序具花 1～3 朵。花较大，花冠钟状，瓣片二唇形开展。花色与蒴果不详。

本种模式：不详。

分布：广州、湖南等均有栽培。

第七章　结论与讨论

本书通过对泡桐科 Paulowniaceae 植物形态进行调查,对比分析了其形态特征间的区别,并运用数量分类学的方法对其进行聚类分析。主要结论如下:

(1)首次全面系统地总结报道泡桐科植物研究的历史概况,特别是泡桐属 Paulownia Sieb. & Zucc. 植物资源现代研究概况。整理出泡桐科 3 属、2 亚属(1 新亚属)、1 新组、33 种(4 新种)、4 亚种(2 新亚种)、18 变种(7 新变种)、8 变型和 16 类型,以及 2 存疑种,基本上查清了泡桐科植物种质资源。

(2)作者依据形态学等理论对泡桐属及其近缘属的亲缘关系进行分析,首次在全国提出恢复泡桐科 Paulowniaceae 的建议,并列举了其科学依据,同时创建了泡桐科新分类系统。经过形态对比分析,认为该系统应包括秀英花属 Shiuyinghua J. Paclt.、美丽桐属 Wightia Wall. 和泡桐属 Paulownia Sieb. & Zucc.。秀英花属 1 种,即 Shiuyinghua silvestrii(Pamp. et Bon.) J. Paclt.;美丽桐属 2 种——香岩梧桐 Wightia elliptica Merr. 和美丽桐 Wightia speciosissima(D. Don)Merr.;泡桐属 30 种。

(3)创建泡桐属新分类系统。作者通过泡桐属植物种的形态分析和系统聚类分析,综合二者分析结果,并依据植物分类学原理,创建泡桐属新分类系统。该系统包括泡桐属、泡桐亚属新分类系统。将泡桐属分为:泡桐亚属　原亚属 subgen. Paulownia 和齿叶泡桐亚属　新亚属 subgen. Serrulatifolia Y. M. Fan et T. B. Zhao,subgen.. nov.。

泡桐亚属又分 3 组、30 种(包括 4 新种):① 泡桐组(毛泡桐组)sect. Paulownia、② 大花泡桐组(白花泡桐组)sect. Fortuneana Dode、③ 杂种泡桐组 sect. hybrida Y. M. Fan et T. B. Zhao。

其中,① 泡桐组:毛泡桐 Paulownia tomentosa(Thunb.)Steud.、川泡桐 Paulownia fargesii Franch.、台湾泡桐 Paulownia taiwaniana T. W. Hu & H. J. Chang、湖南泡桐 Paulownia hunanensis(D. L. Fu et T. B. Zhao)Y. M. Fan et T. B. Zhao、球果泡桐 Paulownia globosicapsula Y. M. Fan et T. B. Zhao、双小泡桐 Paulownia biniparvitas Y. M. Fan et T. B. Zhao。② 大花泡桐组(白花泡桐组)sect. Fortuneana Dode:白花泡桐 Paulownia fortunei(Seem.)Hemsl.、兰考泡桐 Paulownia elongata S. Y. Hu、山明泡桐 Paulownia lamprophylla Z. X.

Chang et S. L. Shi、宜昌泡桐 Paulownia ichengensis Z. Y. Chen、鄂川泡桐 Paulownia albophloea Z. H. Zhu、建始泡桐 Paulownia jianshiensis Z. Y. Chen、楸叶泡桐 Paulownia catalpifolia T. Gong ex D. Y. Hong、垂果序泡桐 Paulownia penduli-fructi-inflorescentia J. T. Chen，Y. M. Fan et T. B. Zhao、并叠序泡桐 Paulownia cylindrici-inflorescentia(D. L. Fu et T. B. Zhao) Y. M. Fan et T. B. Zhao、兴山泡桐 Paulownia recurva Rehd.、米氏泡桐 Paulownia mikado Ito、光桐 Paulownia glabrata Rehd.、江西泡桐 Paulownia rehderiana Hand. −Mazz.、总状花序泡桐 Paulownia racemosa Hemsl. 西氏泡桐 Paulownia silvestrii Pamp.，以及存异 2 种：广西泡桐 Paulownia viscosa Hand. −Mazz.、长阳泡桐 Paulownia changyangensis。③ 杂种泡桐组 sect. hybrida Y. M. Fan et T. B. Zhao：圆冠泡桐 Paulownia × henanensis C. Y. Zhang et Y. H. Zhao、豫杂一号泡桐 Paulownia × yuza−1(J. P. Jiang et R. X. Li)、Y. M. Fan、豫选一号泡桐 Paulownia × yuxuan−1(J. P. Jiang et R. X. Li) Y. M. Fan、豫林一号泡桐 Paulownia × yulin−1 (J. P. Jiang et R. X. Li) Y. M. Fan。

齿叶泡桐亚属有：齿叶泡桐 Paulownia kawakamii T. Ito、广东泡桐 Paulownia longifolia Hand. −Mazz.。

（4）建议保护泡桐属植物资源基因库。自泡桐属建立以来，泡桐属系统的研究已有 200 多年的历史，但由于中国是泡桐的原产地，即主要的分布中心与繁衍中心，外国学者很难查清中国泡桐属种质资源，致使泡桐属系统研究 200 多年，一直存有争议。作者对泡桐属植物资源的初步调查表明，我国尚有丰富的泡桐属植物新资源，这些新资源及其他种质资源分布稀少，急需保护。为此，建议加强对我国泡桐属植物资源基因库的保护和利用。现有对泡桐属濒危树种资源的保护措施，即河南农业大学李荣幸教授与江西林业科学研究院在共青城创建的泡桐属基因库林。同时，泡桐属中的其他树种，在科学研究领域具有极高的科学价值，在植物进化与分类系统研究中具有重要地位。必须重视泡桐属植物种质资源基因库的建设和保护，长期加大经费投入，致力于泡桐属植物种质资源的保护。

（5）本书作者对泡桐属物种种下变种、变型、栽培群、栽培品种或无性的形态特征未做深入的归属与分类研究，如李芳东等在《中国泡桐属种质资源图谱》一书中，介绍泡桐属 11 种、4 变种、2 变型，以及种间变异 12 个，如白变 1 号等，种内变异 15 个，如白变 3（粗枝白花泡桐）等，泡桐的不同种源——白花泡桐 37 个、毛泡桐 25 个、华东泡桐 10 个、川泡桐 8 个；泡桐的优良单株——白花泡桐 59 个、毛泡桐 16 个、华东泡桐（齿叶泡桐）Paulownia kawakamii Ito 7 个、川泡桐 8 个、台湾泡桐 Paulownia taiwaniana T. W. Hu & H. J. Chang 3 个;泡桐的优良无性系—38 个,其中,人工杂交 19 个,如白兰 75 等;航天育种 5 个,如航天 01、航天 32 等;未鉴定泡桐无性系—43 个,如超级苗选择 19 个,01-26 等;实生选种 10 个,如-10 等;优树选择 11 个,如 1-3、1-43 等;人工杂交 3 个,如 24-13、25-29 等。该书中的不同种源、优树、无性系等,均没有按照《国际栽培植物命名法规》(第八版)和《中华人民共和国植物新品种保护条例》(1997)中规定,有些是违犯的,如品种名称不能数字代替等。为此,作者希望泡桐属育种专家、学者积极深入开展泡桐属物种种下资源的研究,如栽培群、栽培品种或无性的研究,按照《国际栽培植物命名法规》(第八版)和《中华人民共和国植物新品种保护条例》(1997)中有关规定,早日实现泡桐属物种种下品种新分类系统。

(6) 深入开展泡桐材性及其利用的研究。由于泡桐材轻质优,不易变形翘裂,耐湿隔潮,电绝缘性强、导热性低、耐火性强、耐腐蚀性强,易天然干燥,不易磨损,音波传导良好,易加工,木色及纹理美观等优点,其用途广泛。不仅可用于建筑上,还可用于工业及运输业,在日常生活中还可做家具等,在农业生产上可做农具,同时还可用于制作手工艺品及文化用品。所以,建议相关科研人员加大对桐材的研究力度,加强对桐材的开发利用,创造更多的经济效益。

参考文献

中文(包含日文)文献

三画

[1] 马浩,张冬梅,李荣幸,等. 泡桐属植物种类的 RFLP 分析[J]. 植物研究,2001(1): 136~139.

[2] 马金双. 中国植物分类学的现状与挑战[J]. 科学通报,2014,59(6):510~521.

[3] 于兆英,李思锋,徐光远,等. 泡桐属植物染色体数目和形态的初步研究[J]. 西北植物学报,1987(2):57~62+91.

[4] 大井次三郎. 日本植物誌[M]. 1031. 東京:至文堂. 昭和二十八年.

[5] 广东植物研究所编辑. 海南植物志 第三卷[M]. 496~497. 1974.

四画

[6] 中国林业科学研究院泡桐组,河南省商丘地区林业局. 泡桐研究[M]. 北京:中国林业出版社,1982:1~33.

[7] 中国科学院中国植物志编辑委员会. 中国植物志 第 67 卷 第二分册[M]. 北京:科学出版社,1979.

[8] 中国科学院植物研究所主编. 中国高等植物图鉴 第四册[M]. 北京:科学出版社,1983:12~13.

[9] 中国科学院西北植物研究所编著. 秦岭植物志 第 1 卷 第四册[M]. 北京:科学出版社,1983.

[10] 中国林业科学研究院泡桐组等编著. 泡桐研究[M]. 北京:中国林业出版社,1982.

[11]《中国高等植物彩色图鉴》编委会主编. 中国高等植物彩色图鉴 第七卷[M]. 北京:科学出版社,2016.

[12] 中国科学院华南州研究所辑. 广州植物志[M]. 北京:科学技术出版社,1956.

[13] 韦仲新. 岩梧桐属的花粉形态及其分类学意义[J]. 云南植物研究,1989(1):65~70,114~116.

[14] 毛汉书,马燕,王忠芝. 中国梅花品种数量分类研究[J]. 北京林业大学学报,1992(4):59~66.

[15] 王明明,王建华,宋振巧,等. 木瓜属品种资源的数量分类研究[J]. 园艺学报,2009,36(5):701~710.

[16] 王桂凤. 泡桐的不同生长发育时期及不同器官中过氧化物酶同工酶的分析[J]. 河

南林业科技,1987(2):12~14.

[17] 云南省植物研究所. 云南植物志 第二卷[M]. 北京:科学出版社,1979:698~701.

[18] 方文培主编. 峨眉植物图志 第二卷 第一分册[M]. 成都:四川大学出版社,1945.

[19] 邓玲丽,杜诚,廖帅,等. 中国植物分类学者姓名拼写的讨论与建议[J]. 生物多样性,2018,26(6):627~635.

[20] 牛春山. 陕西树木志[M]. 北京:中国林业出版社,1990.

五画

[21] 卢群朋,卢淼,茹广欣:让泡桐树引来"金凤凰"[J]. 团结,2011(3):62~64.

[22] 卢龙斗,谢龙旭,孙富丛,等. 泡桐属植物花粉形态研究[J]. 河南师范大学学报(自然科学版),1999(4):51~53.

[23] 代玉荣. 园林树木的冬态识别要点[J]. 黑龙江生态工程职业学院学报,2011,24(3):6~7.

[24] 卢龙斗,谢龙旭,杜启艳,等. 泡桐属七种植物的 RAPD 分析[J]. 广西植物,2001(4):335~338.

[25] 卢妍妍. 泡桐属植物遗传多样性分析[D]. 郑州:河南农业大学,2014.

[26] 叶国文. 泡桐胶合板材无性系选育专题总结报告(1911~1993)[R].林业部泡桐研究中心,1993.

六画

[27] 任耀飞,常红萍,张艳. 从《管子·地员篇》看我国先秦时期朴素的生态成就[J]. 古今农业,2007(2):34~39.

[28] 成俊卿. 泡桐属木材的性质和用途的研究(一)[J]. 林业科学,1983,19(1):57~63.

[29] 成俊卿. 泡桐属木材的性质和用途的研究(二)[J]. 林业科学,1983,19(2):153~167.

[30] 成俊卿. 泡桐属木材的性质和用途的研究(三)[J].林业科学,1983,19(3):284~291,339~340.

[31] 朱光华. 国际植物命名法规[M]. 北京:科学出版社,2001.

[32] 刘启慎,林智昌,杨庆山. 泡桐体细胞染色体的初步观察[J]. 河南农业科学,1981(11):33~34.

[33] 刘静,黄艳艳,翁曼丽,等. TCS 基因转化泡桐及抗病能力[J]. 林业科学,2011,47(5):171~176.

[34] 刘慎谔. 东北木本植物志[M]. 北京:科学出版社,1955.

[35] 刘玉壶,Law Yuh Wu. 木兰科分类系统的初步研究[J]. 中国科学院大学学报,1984,22(2):89~109.

[36] 西北农学院林学系. 我国泡桐属的主要种类和分布[J]. 陕西林业科技,1975

（4）：2～11.

[37] 伊藤武夫著. 台灣樹木圖鑑 正卷[M]. 国书刊行点. 昭和51年.

[38] 江苏植物研究所. 江苏植物志（下卷）[M]. 1982：744～445.

七画

[39] 何光岳. 桐与桐国考[J]. 农业考古，1995（1）：209～215.

[40] 张存义. 泡桐与濮阳生态城市建设[J]. 中国城市林业，2004（5）：45.

[41] 张存义，赵裕后. 泡桐属一新天然杂种——圆冠泡桐[J]. 中国科学院大学学报，1995，33（5）：503～505.

[42] 张涛. 沈阳城市绿地秋冬植物景观研究[D]. 杭州：浙江农林大学，2012.

[43] 吴晓东.《桐谱》对泡桐的分类与描述[J]. 植物杂志，1993（2）：47.

[44] 陈志远，姚崇怀，胡惠蓉，等. 泡桐属的起源、演化与地理分布[J]. 武汉植物学研究，2000（4）：325～328.

[45] 陈志远. 湖北省泡桐资源调查研究. 泡桐文集[M]. 北京：中国林业出版社，1982：11～15.

[46] 陈志远. 泡桐属一新种[J]. 华中农业大学学报，1995（2）：191～194.

[47] 陈志远. 泡桐属（Paulownia）花粉形态学的初步研究[J]. 武汉植物学研究，1983（2）：143～146+327.

[48] 陈志远. 泡桐属细胞分类学研究[J]. 华中农业大学学报，1997（6）：81～85.

[49] 陈志远，程华东，胡惠蓉. 福建省泡桐种类和分布考察初报[J]. 华中农业大学学报，1994（4）：422～424.

[50] 陈志远，梁作栒，冯兴伟. 浙、苏、皖3省泡桐属种类和分布考察初报[J]. 华中农业大学学报，1996（1）：86～88.

[51] 陈志远. 泡桐属植物在湖北省生长情况及其生态特性[J]. 华中农学院学报，1982（7）：2.

[52] 陈志远，姜勇，雷杰. 四川东南部泡桐种类、分布和白花泡桐的生长特性考察[J]. 泡桐与农业林业，1994（1～2）：2～4.

[53] 陈志远. 泡桐属（Paulownia）分类管见[J]. 华中农业大学学报，1986（3）：261～265.

[54] 陈龙清，王顺安，陈志远，等. 滇、黔地区泡桐种类分布考察[J]. 华中农业大学学报，1995，14（4）：392～398.

[55] 陈龙清，王顺安，陈志远，等. 滇、黔地区泡桐种类及分布考察[J]. 华中农业大学学报，1995（4）：392～396.

[56] 陈嵘著. 中国树木分类学[M]. 南京：中国图书发行公司南京分公司，1937：1105～1109.

[57] 陈世骧. 形态特征的对比法则[J]. 科学通报，1964（11）：973～979.

[58] 陈世骧. 进化论与分类学[J]. 昆虫学报，1977，20（4）：359～381.

[59] 陈世骧. 关于物种定义[J]. 动物分类学报，1979（4）：425～426.

[60] 陈益军. 一个基于贝叶斯方法的冬态树木分类系统的设计与实现[J]. 计算机应用
　　　与软件,2009,26(5):178~180.

[61] 陈红林,陈志远,梁作侑,等. 泡桐属植物同工酶分析[J]. 湖北林业科技,2003
　　　(2):1~4.

[62] 长哲新,史淑兰. 中国泡桐属新植物[J]. 河南农业大学学报,1989(1):53~58.

[63] 李海英,茹广欣,侯婷,等. 12个白花泡桐种源的遗传多样性分析[J]. 河南农业大学
　　　学报,2015,49(6):764~768.

[64] 李芳东,袁德义,莫文娟,等. 白花泡桐种源遗传多样性的ISSR分析[J]. 中南林业
　　　科技大学学报,2011,31(7):1~7.

[65] 李芳东,乔杰,王保平,等. 中国泡桐属种质资源图谱[M]. 北京:中国林业出版
　　　社,2013.

[66] 李冬侠. 北京常见落叶树木冬态的识别[J]. 北京园林,1989(4):17~21,44.

[67] 李铁华,邓华锋. 黄淮海平原兰考泡桐立地分类的研究[J]. 林业资源管理,1996
　　　(1):44~48.

[68] 李冰冰,赵振利,邓敏捷,等. 盐胁迫对南方泡桐基因表达的影响[J]. 河南农业大学
　　　学报,2017,51(4):471~480+486.

[69] 李宗然. 泡桐胶合板材优化栽培模式的研究专题总结报告(1911~1993)[R]. 林业
　　　部泡桐研究中心,1993.

[70] 谷颐. 吉林省园林落叶树木冬态识别方法的研究[J]. 长春大学学报,2007
　　　(10):87~91.

[71] 杨果,李彦,吕英民,等. 梅花品种数量分类研究[J]. 北京林业大学学报,2010,32
　　　(S2):46~51.

[72] 肖雪. 四川萱草属植物细胞学及繁育学研究[D]. 雅安:四川农业大学,2008.

[73] 佟永昌,杨自湘,韩一凡. 一些树种染色体的观察[R]. 中国林科院林业研究所研究
　　　报告,1980(1):83~88.

八画

[74] 郑林. 中国木瓜属观赏品种调查和分类研究[D]. 泰安:山东农业大学,2008.

[75] 郑炜. 数量分类学研究进展及其在植物检疫领域的应用[J]. 浙江农业科学,2013
　　　(5):572~573.

[76] 郑万钧. 中国树木志 第四卷[M]. 北京:中国林业出版社,2004:5088~5098.

[77] 金发成,李孝润. 黑杨派几个品种当年生扦插苗(冬态)的识别要点[J]. 安徽林业科
　　　技,2005(1):17.

[78] 金平亮三著. 台灣樹木誌 增補改版[M]. 台灣:台灣出版社,1936.

[79] 竺肇华. 泡桐属植物的分布中心及区系成分的探讨[J]. 林业科学,1981(3):
　　　271~280.

[80] 竺肇华. 泡桐研究的现状及展望[J]. 泡桐(试刊),1984:3~13.

[81] 竺肇华,等. 泡桐 7 个优良无性系的选育与推广(总报告)[J]. 泡桐与农用林业,1989(2):1~18.

[82] 竺肇华,等. 农桐间作综合效能及合理模式的研究[J]. 泡桐与农用林业,1991(1):1~19.

[83] 周长发,杨光. 物种的存在与定义[M]. 北京:科学出版社,2011.

[84] 赵天榜,宋良红,杨芳绒,等. 郑州植物园种子植物名录[M]. 郑州:黄河水利出版社,2018.

[85] 赵天榜,米建华,田国行,等. 河南省郑州市紫荆山公园木本植物志谱[M]. 郑州:黄河水利出版社,2017:516~523.

[86] 赵天榜,宋良红,田国行,等. 河南玉兰栽培[M]. 郑州:黄河水利出版社,2015.

[87] 赵天榜,田国行,傅大立,等. 世界玉兰属植物资源与栽培利用[M]. 北京:科学出版社,2013.

[88] 河南省革命委员会农林局,等. 泡桐图志[M]. 1975.

[89] 牧野富太郎著. 增補版 牧野　日本植物圖鑑[M]. 150. 東京:北隆館昭和廿十四年.

九画

[90] 郦振平,张纪林. 农桐间作效益的研究概述[J]. 江苏林业科技,1992(1):34~38.

[91] 胡惠蓉,陈志远. 泡桐属叶表毛状体扫描电镜观察[J]. 华中农业大学学报,1996,(2):190~193,208~209.

[92] 茹广欣,刘小囡,朱秀红,等. 泡桐黄化突变体生理特性分析[J]. 南京林业大学学报(自然科学版),2017,41(4):181~185.

[93] 侯婷. 泡桐属植物的系统发育研究[D]. 河南农业大学,2016.

[94] 查理·达尔文著. 物种起源[M] 钱逊译. 南京:江苏人民出版社,2011.

[95] 俞德浚,李朝銮. 关于种和种以下等级划分的讨论——兼对中国龙芽草属植物分类的初步意见[J]. 中国科学院大学学报,1977,15(1):85~93.

十画

[96] 徐允武. 浑身是宝的泡桐[J]. 云南林业,1993(2):22.

[97] 徐永阳. 泡桐属树木同工酯[D]. 郑州:河南农业大学,1992.

[98] 莫文娟,傅建敏,乔杰,等. 泡桐属植物亲缘关系的 ISSR 分析[J]. 林业科学,2013,49(1):61~67.

[99] 莫文娟. 泡桐种质资源遗传多样性的 ISSR 研究[D]. 长沙:中南林业科技大学,2010.

[100] 莫文娟. 泡桐属 DNA 条形码的筛选与鉴定研究[D]. 北京:中国林业科学研究院,2015.

[101] 倪善庆. 泡桐 [M]. 南京:江苏科学技术出版社,1984.

[102] 倪善庆. 泡桐混交模式及栽培技术总结[J]. 泡桐与农用林业,1993(1):38~49.

[103] 郭保生,金红,李培玉,等. 泡桐属的研究[J]. 中国农学通报,2006,22(5): 152~154.

[104] 浙江植物志编辑委员会. 卷主编 郑朝宗. 浙江植物志 第六卷[M]. 玄参科—菊科. 4~5. 图6-1~图6-5. 1993.

[105] 浙江植物志编辑委员会. 卷主编. 郑朝宗. 浙江植物志 第六卷[M]. 1993:4~5.

十一画

[106] 梁作栯,陈志远. 泡桐属细胞分类学研究[J]. 华中农业大学学报,1997(6): 81~85.

[107] 梁作栯,陈志远. 泡桐属与其近缘属亲缘关系的探讨[J]. 华中农业大学学报,1995 (5):493~495.

[108] 崔爱萍. 观赏树木的冬态识别[J]. 现代农业科技,2011(10):200~201.

[109] 崔大方. 物种概念的分析与分类学思考[J]. 新疆师范大学学报(自然科学版), 1997(2):39~44.

[110] 龚本海,郭燕舞,姚崇怀. 泡桐属植物SOD同工酶和可溶性蛋白质分析[J]. 华中农 业大学学报,1994,13(5):507~510.

[111] 舒寿兰. 四种泡桐染色体数目的初步研究[J]. 河南农业大学学报,1985(1): 48~51.

[112] 常德龙,李芳东,胡伟华,等. 国内外泡桐木材市场分析与我国发展对策[J]. 世界 林业研究,2018,31(1):57~62.

[113] 常德龙,张云岭,胡伟华,等. 不同种类泡桐的基本材性[J]. 东北林业大学学报, 2014,42(8):79~81.

[114] 常德龙,黄文豪,张云岭,等. 4种泡桐木材材色的差异性[J]. 东北林业大学学报, 2013,41(8):102~104.

[115] 黄增泉. 高等植物分类学原理[M]. 南京:国立编译馆,1983.

[116] 龚彤. 发表中国泡桐属植物的研究[J]. 植物分类学报,1976,14(2):38~50.

十二画

[117] 蒋建平,李荣幸,刘廷志,等. 豫选一号与豫杂一号泡桐的选育与推广[J]. 河南农 学院学报,1980(3):1~9.

[118] 蒋建平. 泡桐栽培学[M]. 北京:中国林业出版社,1990:22~25.

[119] 傅大立. 辛夷植物资源分类及新品种选育研究[D]. 长沙:中南林学院,2001.

[120] 韩雪源,张延龙,牛立新. 39个牡丹品种的形态学分类研究[J]. 西北农林科技大学 学报(自然科学版),2014,42(9):128~136.

[121] 彭慕海,王书凯,陈凡,等. 浅谈树木的冬态识别[J]. 辽宁林业科技,2009(4): 55~56.

[122] 彭海凤,范国强,叶永忠. 泡桐属植物种间关系研究[J]. 河南科学,1999(S1): 30~34.

十三画

[123] 楚爱香. 河南观赏海棠品种分类研究[D]. 南京:南京林业大学,2009.

十四画

[124] 熊大桐. 陈翥及其《桐谱》[J]. 农业考古,1987(1):229~233.

[125] 熊金桥,陈志远. 泡桐属的数量分类研究[J]. 植物研究,1992,12(2):185~188.

[126] 熊金桥,陈志远. 泡桐属花粉形态及其与分类的关系[J]. 华中农业大学学报,1991 (3):281~284.

[127] 熊耀国,等. 泡桐属的良种选育. 阔叶树遗传改良[M]. 北京:科学技术文献出版 社,1988.

十五画

[128] 潘法连. 陈翥《桐谱》的成就及其贡献[J]. 古今农业,1991(1):21~27.

[129] Gunderson A. 双子叶植物科志[M]. 马骥,译. 北京:科学出版社,1939:194~195.

英文文献

[130] Fu D. L. Paulownia serrata-A New Species from China[J]. Nature and science,2003 (1):37~38.

[131] Cronguist A. An itegrated system of classification of flowering plants[M]. New York: Columbia University press,1981.

[132] Group T A P. An update of the Angiosperm Phylogeny Group classification for the orders and families of flowering plants:APG III[J]. Botanical Journal of the Linnean Society, 2009, 161(2):105~121.

[133] Hu Xiu-Yuang(胡秀英). A Monograph of the Genus Paulownia[J]. Quart. Journ. Taiwan Museum. 1959,12:1~54.

[134] SHIU-YING HU(胡秀英). The Economic Botany of the Paulownias[J]. 18(2): 167~ 179.

[135] Fu Dali. A New Species from China[J]. Nature and Science,2003,1(1):37~38.

[136] TAWEI HU, HUEY JU CHANG. A NEW SPECVIES OF PAULOWMIA FROM TAIWAN—P[J]. TAIWANIANA HU & CHANG TAIWNIA,1975,20(2):65~68.

[137] Paclt J, SHIUYING HU. A NEW GENUS OF SCROPHULARIACEAE FROM CHINA [J]. Journal of the Arnold Arboretum, 1962,43(2):215~217.

[138] Hu S Y. A monograph of the genus Paulownia[J]. Quarterly Journal of the Taiwan Museum, 1959:1~54.

[139] Tawei Hu,Huey Ju Chang. A New Species of Paulownia from Taiwan-P. taiwaniana Hu & Chang[J]. Taiwania,1975,20(2):165~171.

[140] Gong T. Studies on Chinese Paulownia Sieb. & Zucc. [J]. Acta Phytotaxonomica Sinica,1976,14(2):38~50.

[141] Yang J C,Ho C K,Chen Z Z,et al. Paulownia × taiwaniana (Taiwan Paulownia)[M].
Trees IV. Springer Berlin Heidelberg,1996:269~290.

[142] Darlington C D,Wylie A P. Chromosome atlas of flowering plants. [J]. Kew Bulletin,
1956,11(2):37.

[143] Fan G Q,Niu S Y,Zhao,Z L, et al. Identification of micro RNAs and their targets in
Paulownia fortunei plants free from phytoplasma pathogen after methyl methane sulfonate
treatment[J]. Biochimie,2016,127:271~280.

[144] Rencoret J,Marques G,Gutierrez A et al. Isolation and structural characterization of the
milled-wood lignin from Paulownia fortunei wood. [J]. Industrial Crops and Products,
2009,30(1):137~143.

[145] Li H Y,Ru G X,Hou T,et al. Genetic Diversityin Wild Populations of Paulownia fortunei
[J]. Russian Journal of Genetics,2014,50(11):1179~1185.

[146] Weatfall J J. Cytological and embryslogical evidence of the rednssificationn of Paulownia
[J]. Amer J Bot,1949(36):805.

[147] Kirkham T,Fay M F. PAULOWNIA KAWAKAMII:Paulowniaceae[J]. Curtiss Botanical
Magazine,2010,26(1~2):111-119.

[148] Furukawa S,Yoshimaru H,Kawahara T. Classification in Paulownia Sied. & Zucc. at Ai-
zuarea using DNA markers. [J]. Journal of the Japanese Forestry Society,2008,81:
341~345.

[149] H P Nooteboom. The tropical Magnoliaceae and their classification[J]. Blumea-Biodi-
versity, Evolution and Biogeography of Plants,1998:71~80.

[150] Krikorian A D. Paulownia in China: Cultivation and Utilization[J]. Economic Botany,
1988,42(2):283.

[151] Liu S C. The growth of Paulownia kawakamii in relation to site factors[J]. Bulletin Tai-
wan Forestry Research Institute,1974.

[152] Kurihara T,Kikuchi M. Studies on the constituents of flowers. VIII. On the components
of the flower of Paulownia tomentosa Steudel(author's transl)[J]. Yakugaku Zasshi Jour-
nal of the Pharmaceutical Society of Japan,1978,98(4):541.

[153] Zhu Z H. A discussion on the distribution centre and flora of Paulownia genus[J]. Sci-
entia Silvae Sinicae,1981,17(3):271~280.

[154] Vujićić R,Grubišić D,Konjeviĉ R. Scanning electron microscopy of the seed coat in the
genus Paulownia, (Scrophulariaceae) [J]. Botanical Journal of the Linnean Society,
2010, 111(4):505~511.

[155] Sheng M,Pang H. A NEW SPECIES OF GENUS GRYPOCENTRUS,RUTHE (HYME-
NOPTERA:ICHNEUMONIDAE)[J]. Insect Science,1996,3(3):221~223.

[156] Lin T P,Wang Y S. Paulownia taiwaniana, a hybrid between P. fortunei and P. kawaka-

mii (Scrophulariaceae) [J]. Plant Systematics & Evolution, 1991, 178 (3 ~ 4) :259~269.

[157] Wang H W, Duan J M, Zhang P, et al. Microsatellite markers in Paulownia kawakamii (Scrophulariaceae) and cross-amplification in other Paulownia species [J]. Genetics & Molecular Research, 2013, 12(3) :3750~3754.

[158] Sieb. & Zucc. Paulownia in Sarg. Pl. Wils [M]. 1913(1) :575~578.

[159] Rehder. Paulownia glabrata Rehder in IISON EXPEDITION TO CHINA [M]. 1 :575~577.

[160] Romeka, W. S. Paulownia, Cash crop for tomorrow. MS. 1951.

[161] Sterns, J. L. Paulownia as a tree of commerce Am. Forest. 50 :60~61, 95~96. 1944.

[162] 李顺卿. 中国森林植物学(SHUN-CHING Lee. FOREST BOTANY OF CHINA) [M]. THE CMMERCTAL PRESS, LIMITED SHANGHAF, CHINA, 1935 : 934~941.